U0395685

格致方法·定量研究系列　吴晓刚　主编

理解回归假设

[美] 威廉·D.贝里(William D.Berry) 著

余珊珊 译

SAGE Publications ,Inc.

格致出版社 　上海人民出版社

图书在版编目(CIP)数据

理解回归假设/(美)威廉·D.贝里著;余珊珊译.
—上海:格致出版社:上海人民出版社,2017.5
(格致方法·定量研究系列)
ISBN 978-7-5432-2727-9

Ⅰ.①理… Ⅱ.①威… ②余… Ⅲ.①回归分析-研
究 Ⅳ.①0212.1

中国版本图书馆 CIP 数据核字(2017)第 038390 号

责任编辑　　顾　悦

格致方法·定量研究系列

理解回归假设

[美]威廉·D.贝里　著

余珊珊　译

出　版	世纪出版股份有限公司　格致出版社	印　刷	浙江临安曙光印务有限公司
	世纪出版集团　上海人民出版社	开　本	920×1168　1/32
	(200001　上海福建中路 193 号　www.ewen.co)	印　张	4.5
	编辑部热线　021-63914988	字　数	88,000
	市场部热线　021-63914081	版　次	2017 年 5 月第 1 版
	www.hibooks.cn	印　次	2017 年 5 月第 1 次印刷
发　行	上海世纪出版股份有限公司发行中心		

ISBN 978-7-5432-2727-9/C·172　　　　　　　　定价:30.00 元

出版说明

由香港科技大学社会科学部吴晓刚教授主编的"格致方法·定量研究系列"丛书,精选了世界著名的 SAGE 出版社定量社会科学研究丛书,翻译成中文,起初集结成八册,于 2011 年出版。这套丛书自出版以来,受到广大读者特别是年轻一代社会科学工作者的热烈欢迎。为了给广大读者提供更多的方便和选择,该丛书经过修订和校正,于 2012 年以单行本的形式再次出版发行,共 37 本。我们衷心感谢广大读者的支持和建议。

随着与 SAGE 出版社合作的进一步深化,我们又从丛书中精选了三十多个品种,译成中文,以飨读者。丛书新增品种涵盖了更多的定量研究方法。我们希望本丛书单行本的继续出版能为推动国内社会科学定量研究的教学和研究作出一点贡献。

总　序

　　2003年，我赴港工作，在香港科技大学社会科学部教授研究生的两门核心定量方法课程。香港科技大学社会科学部自创建以来，非常重视社会科学研究方法论的训练。我开设的第一门课"社会科学里的统计学"（Statistics for Social Science）为所有研究型硕士生和博士生的必修课，而第二门课"社会科学中的定量分析"为博士生的必修课（事实上，大部分硕士生在修完第一门课后都会继续选修第二门课）。我在讲授这两门课的时候，根据社会科学研究生的数理基础比较薄弱的特点，尽量避免复杂的数学公式推导，而用具体的例子，结合语言和图形，帮助学生理解统计的基本概念和模型。课程的重点放在如何应用定量分析模型研究社会实际问题上，即社会研究者主要为定量统计方法的"消费者"而非"生产者"。作为"消费者"，学完这些课程后，我们一方面能够读懂、欣赏和评价别人在同行评议的刊物上发表的定量研究的文章；另一方面，也能在自己的研究中运用这些成熟的方法论技术。

　　上述两门课的内容，尽管在线性回归模型的内容上有少量重复,但各有侧重。"社会科学里的统计学"从介绍最基本的社会研究方法论和统计学原理开始,到多元线性回归模型结束,内容涵盖了描述性统计的基本方法、统计推论的原理、假设检验、列联表分析、方差和协方差分析、简单线性回归模型、多元线性回归模型,以及线性回归模型的假设和模型诊断。"社会科学中的定量分析"则介绍在经典线性回归模型的假设不成立的情况下的一些模型和方法,将重点放在因变量为定类数据的分析模型上,包括两分类的 logistic 回归模型、多分类 logistic 回归模型、定序 logistic 回归模型、条件 logistic 回归模型、多维列联表的对数线性和对数乘积模型、有关删节数据的模型、纵贯数据的分析模型,包括追踪研究和事件史的分析方法。这些模型在社会科学研究中有着更加广泛的应用。

修读过这些课程的香港科技大学的研究生,一直鼓励和支持我将两门课的讲稿结集出版,并帮助我将原来的英文课程讲稿译成了中文。但是,由于种种原因,这两本书拖了多年还没有完成。世界著名的出版社 SAGE 的"定量社会科学研究"丛书闻名遐迩,每本书都写得通俗易懂,与我的教学理念是相通的。当格致出版社向我提出从这套丛书中精选一批翻译,以飨中文读者时,我非常支持这个想法,因为这从某种程度上弥补了我的教科书未能出版的遗憾。

翻译是一件吃力不讨好的事。不但要有对中英文两种语言的精准把握能力,还要有对实质内容有较深的理解能力,而这套丛书涵盖的又恰恰是社会科学中技术性非常强的内容,只有语言能力是远远不能胜任的。在短短的一年时间里,我们组织了来自中国内地及香港、台湾地区的二十几位研究生参与了这项工程,他们当时大部分是香港科技大学的硕士和博士研究生,受过严格的社会科学统计方法的训练,也有来自美国等地对定量研究感兴趣的博士研究生。他们是香港科技大学社会科学部博士研究生蒋勤、李骏、盛智明、叶华、张卓妮、郑冰岛,硕士研究生贺光烨、李兰、林毓玲、肖东亮、辛济云、於嘉、余珊珊,应用社会经济研究中心研究员李俊秀;香港大学教育学院博士研究生洪岩璧;北京大学社会学系博士研究生李丁、赵亮员;中国人民大学人口学系讲师巫锡炜;中国台湾"中央"研究院社会学所助理研究员林宗弘;南京师范大学心理学系副教授陈陈;美国北卡罗来纳大学教堂山分校社会学系博士候选人姜念涛;美国加州大学洛杉矶分校社会学系博士研究生宋曦;哈佛大学社会学系博士研究生郭茂灿和周韵。

　　参与这项工作的许多译者目前都已经毕业,大多成为中国内地以及香港、台湾等地区高校和研究机构定量社会科学方法教学和研究的骨干。不少译者反映,翻译工作本身也是他们学习相关定量方法的有效途径。鉴于此,当格致出版社和SAGE出版社决定在"格致方法·定量研究系列"丛书中推出另外一批新品种时,香港科技大学社会科学部的研究生仍然是主要力量。特别值得一提的是,香港科技大学应用社会经济研究中心与上海大学社会学院自2012年夏季开始,在上海(夏季)和广州南沙(冬季)联合举办《应用社会科学研究方法研修班》,至今已经成功举办三届。研修课程设计体现"化整为零、循序渐进、中文教学、学以致用"的方针,吸引了一大批有志于从事定量社会科学研究的博士生和青年学者。他们中的不少人也参与了翻译和校对的工作。他们在繁忙的学习和研究之余，历经近两年的时间，完成了三十多本新书的翻译任务，使得"格致方法·定量研究系列"丛书更加丰富和完善。他们是：东南大学社会学系副教授洪岩璧，香港科技大学社会科学部博士研究生贺光烨、李忠路、王佳、王彦蓉、许多多，硕士研究生范新光、缪佳、武玲蔚、臧晓露、曾东林，原硕士研究生李兰，密歇根大学社会学系博士研究生王骁，纽约大学社会学系博士研究生温芳琪，牛津大学社会学系研究生周穆之，上海大学社会学院博士研究生陈伟等。

陈伟、范新光、贺光烨、洪岩璧、李忠路、缪佳、王佳、武玲蔚、许多多、曾东林、周穆之，以及香港科技大学社会科学部硕士研究生陈佳莹，上海大学社会学院硕士研究生梁海祥还协助主编做了大量的审校工作。格致出版社编辑高璇不遗余力地推动本丛书的继续出版，并且在这个过程中表现出极大的耐心和高度的专业精神。对他们付出的劳动，我在此致以诚挚的谢意。当然，每本书因本身内容和译者的行文风格有所差异，校对未免挂一漏万，术语的标准译法方面还有很大的改进空间。我们欢迎广大读者提出建设性的批评和建议，以便再版时修订。

我们希望本丛书的持续出版，能为进一步提升国内社会科学定量教学和研究水平作出一点贡献。

吴晓刚
于香港九龙清水湾

目 录

序

回归分析是社会科学研究中最基本的工具,至少对于非经验主义者而言是这样。尽管它是一件最常用的工具,但它同样有可能是最容易被滥用的工具。每位一年级的研究生都会快速地学习构造最基本的多元回归模型,比如:

$$Y = b_0 + b_1 X_1 + b_2 X_2 + e$$

我们假设政治学家 Betty Brown 利用如下最小二乘估计模型(OLS)估计美国 50 个州的福利花费情况:

$$\hat{Y} = 543.66 + 87.10 X_1 + 450.39 X_2$$

其中 $\hat{Y}$ = 各州的福利花费(美元/人),X_1 = 民主党在国会里的议席(百分比),X_2 = 城市人口(百分比)。

Brown 教授可能会总结道,民主党的议席每增加 1%,福利花费的期望值就会增加87.1美元(当城市化水平保持恒定时)。那么这个对 X_1 效果的估计到底有多好呢?更确切地说,这是最好的线性无偏估计(BLUE)吗?如果答案是肯定的,那么这一估计模型就能够与真实的世界联系起来。否则,这一估计模型只是那些流连在铅笔和草稿纸上的平面。

　　显然，我们应该去寻找能够达到最佳无偏估计标准的估计模型。这是我们学习回归假设的原因。Berry 教授非常严谨地定义了每一个假设，并且阐述了它们的实质意义。这种优美的文字描述搭配精选的图形和通俗易懂的证明，使得那些难懂的问题，比如测量、设定、多重共线性、异方差性以及自相关，都变得平易近人。而本书中的案例和数据也安排得很有条理，模型中的一个变量更能广泛地吸引人们的兴趣——体重。

　　理解回归假设可以让研究人员看到自己的弱点，同时也能够使他们更好地驾驭回归分析，以得到更有效的估计。当然，没有这种理解，就无法迈开通往构建模型的步伐。尽管目前已经有很多著作涉及回归分析这一话题，例如《应用回归》、《回归分析的解释和应用》、《实用多元回归》、《随机参数回归模型》、《理解回归分析》、《多元回归中的交互影响》、《回归诊断简介》，但是还没有人专门研究回归假设。Berry 教授的贡献恰好能填补这一空白。

迈克尔·S.刘易斯-贝克

第 **1** 章

简　介

　　在任何回归分析被运用到社会科学研究中的时候,研究者总是会或明确或含蓄地提出无数的假设。[1]社会科学的定量研究已经非常流行,以至于几乎所有研究生二年级的学生都能够背诵一长串标准回归假设。然而,尽管学生们经常死记硬背这些假设,却不能够理解其中"真正的含义"。多年来,我常常与研究生们针对他们的研究交换意见。而下文中所出现的屡见不鲜的场景正是让我决定撰写本书的原因:

　　教授:在你的模型中,你对异方差性这个概念还有问题吗(或者对任何其他的概念——设定残差、测量误差、自相关、非线性等等)?

　　学生:我不知道。

　　教授:那么,异方差性指的是什么?

　　学生(自信地):误差项的变化不是恒定的。

　　教授:好的。你的因变量是个人在慈善事业上的支出(或者任何其他变量)。你考虑了以下的自变量……在你的案例中,如何解释误差项是异方差的?

　　学生(有点不自信了):对于不同的观测值,误差项的变异会有不同的取值。

教授：告诉我，这对于你的模型而言实质上意味着什么？你怎么解释慈善支出、你的模型中的自变量以及其他影响慈善支出但没有包含在你的模型中的因素，以及所有这些变量是如何联系起来的？

学生（意识到自己知识上的一些漏洞被发现了）：我真的不知道。

因此，尽管很多社会科学研究者能够自信地"不费吹灰之力地快速说出"一长串多元回归分析的假设（没有设定残差，没有测量误差，缺乏自相关，等等），又或许他们能够说出这些回归假设的标准定义，但是常常缺乏对这些假设实质含义的深刻理解。如果我们对这些假设的理解仅仅局限于对定义的死记硬背，我们就无法把这些假设运用到对具体问题的分析中，这就相当于我们根本没有完全理解这些假设。

写作这本专题论著的目的是描述回归假设，并在某种程度上鼓励学生从死记硬背中解脱出来，转而去理解如何考察假设是否能够与一个具体的研究相适应。我们的讨论仅限于回归方法，因为回归在社会科学方法论中占据了主导地位，尽管也可以写出类似的关于其他的经验研究技术的著作。如果社会科学研究者能够仔细地考虑回归假设是否真正符合实际应用中的案例，而不是遇见什么问题都用回归方法来解决，那么，当运用其他研究技术的时候，他们就能够更加自如地把握。

我以对标准多元回归假设的回顾作为开头，因为这些知识通常会出现在计量经济学或者回归分析的课本中。[2]如果你不能理解这些假设的意义和重要性，不要担心。接下来，我会引入一个贯穿本书的具体案例,具体而言,这是一个关于体重的决定因素的模型。我选取这个案例是因为这里所涉及的人体的体重是与我们所有人都有关的话题——如果不考虑我们各自的兴趣——我们对此会有合理的直觉。最后,我回到回归假设,考察每一个假设的实际意义,并强调研究者如何评估每一个假设是否符合实际研究的需要。

第**2**章

回归假设的正式描述

第 1 节 ｜ 回归分析概述

在标准多元回归模型中，假设因变量 Y 是关于总体中 k 个自变量（或者说是回归因子）X_1，X_2，X_3，$\cdots$，X_k 的方程。这个模型假设对于 k 个自变量都有一系列取值——X_{1j}，X_{2j}，X_{3j}，$\cdots$，X_{kj}——即关于 Y 的条件概率分布，可以理解为（模型的）均值分布在"表面"上（有一个自变量的分布是一条直线；有两个自变量的分布是一个平面）。用以下的方程表示为：

$$E(Y_j \mid X_{1j}, X_{2j}, \cdots, X_{kj}) = \alpha + \beta_1 X_{1j} + \beta_2 X_{2j} + \cdots + \beta_k X_{kj}$$
$$= \alpha + \sum_{i=1}^{k} \beta_i X_{ij} \qquad [2.1]$$

在这一方程中，Y_j 和 X_{ij} 分别表示对第 j 个观测值[3]，变量 Y 和 X_i 的取值。同时，符号"｜"可以读成"给定"。所以 $E(Y_j \mid X_{1j}, X_{2j}, \cdots, X_{kj})$ 表示在总体中当 $X_1 = X_{1j}$，$X_2 = X_{2j}$，$\cdots$，$X_k = X_{kj}$ 时的均值或期望值。图 2.1 表示有两个自变量时的回归平面，

$$E(Y_j \mid X_{1j}, X_{2j}) = \alpha + \beta_1 X_{1j} + \beta_2 X_{2j}$$

对只有一个自变量 X 的双变量回归模型，我们可以对这一假设作出更详细的描述。图 2.2 表示对于 X 的三个不同取值 X_1、X_2、X_3，Y 的条件概率分布，其中纵轴表示概率。

这样,分布的均值落在以下这条直线上:

$$E(Y_j \mid X_j) = \alpha + \beta X_j$$

这里所说的概率分布都被简化为正态分布并具有相同的方差。这一结论是从回归假设 A8 和 A6 中得出来的,将在下文中进行分析。

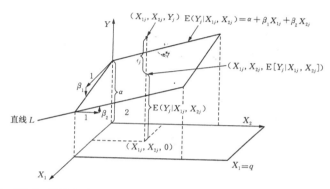

注:在这个三维空间中,每个点的位置是用 X_1、X_2 以及 Y 写在括号中,并且用逗号分开的值来表示的。举例而言,(a, b, c) 代表了 $X_1 = a$,$X_2 = b$,以及 $Y = c$。

图 2.1　有两个自变量的多元回归平面

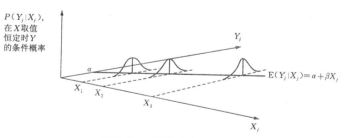

图 2.2　二元模型的回归假设

回到方程 2.1 所表示的一般多元回归方程中,希腊字符系数 $(\alpha, \beta_1, \beta_2, \cdots, \beta_k)$ 表示总体系数或者参数。截距 α 表示当所有自变量全部等于 0 时，Y 的期望值。在一般情况下，系数 β 被称为"偏斜系数"。对于每一个 i，当所有其他自变量保持不变时，系数 β_i 指的是当 X_i 每变化一个单位的时候，Y 的期望值随之变化的幅度。如果我们仅仅让回归统计量包含那些理论中提到的、对因变量有因果影响的自变量，β_i 则可以被解释为 X_i 对 Y 的影响强度的测量值。在本书中，我将大量运用这种解释，即读者应该知道的是，在正式的多元回归假设中并不包括因果关系。因此，任何对于回归系数的"因果关系"的判断都必须基于回归分析以外的理论。

在解释 β_i 的均值时，简单地说"当所有其他自变量都保持不变时"，而不明确指出具体哪些值保持不变，这样是说得通的。因为方程 2.1 的函数形式能说明这一点，所以自变量的作用是可叠加的。在一个可叠加的模型中，对于每一个自变量 X_i，当所有其他的自变量保持恒定时，X_i 每增加一个单位，Y 的期望值随之变化同样的幅度，而不论其他的 X_i 的取值是否恒定。也就是说，每个自变量对因变量的作用不会根据其他自变量的取值而变化。在非叠加模型中，至少有两个变量交互作用并影响因变量。这就是说，如果一个自变量对 Y 的影响随着其他自变量取值的不同而变化，那么就说明是两个变量交互作用来决定因变量 Y。

方程 2.1 的函数中也暗示了线性假设。当其他所有自变量保持恒定时，X_i 被认为与 Y 有线性关系。而 Y 的期望值的变化与一小部分 X_i 的增加幅度是一样的，不管 X_i 具体取值是什么，X_i 的斜率与 Y 的期望值的关系是恒定的（如果 X_i 与 Y 的斜率随着 X_i 取值不同而变化，X_i 就被认为与 Y 存在非线性的关系）。

对于回归系数的解释被反映在有两个自变量的图形中（图 2.1）。在图中，当 $X_1 = X_2 = 0$ 时，α 表示 Y 的期望值，当 X_2 保持不变时，β_1 可以被看做由于 X_1 增加了一个单位而导致 Y 的期望值的变化。β_2 则是当 X_2 增加一个单位同时 X_1 保持不变时，因变量期望值的变化。模型的线性特征反映在图形中，即回归表面是一个平滑的平面。由于回归表面是一个平面，如果我们让 X_1 取 q 值并保持不变，通过限制在垂直平面上 $X_1 = q$，并且让这个垂直平面与回归表面相交，那么得出的直线（或者称为线性的曲线）——用直线 L 来表示——就有恒定的斜率 β_2。

第 2 节 | 误差项的作用

在回归模型中,尽管 Y 的条件概率均值被假设为完全落在方程 2.1 的平面上,但 Y 在每一个观测值 j 上所取的真实值被认为是由自变量和误差项(或者说干扰项)ε_j 共同决定的,如方程 2.2 所示:

$$Y_j = \alpha + \beta_1 X_{1j} + \beta_2 X_{2j} + \cdots + \beta_k X_{kj} + \varepsilon_j$$
$$= \alpha + \left(\sum_{i=1}^{k} \beta_i X_{ij} \right) + \varepsilon_j \qquad [2.2]$$

方程 2.2 还可以写成:

$$\varepsilon_j = Y_j - E(Y_j \mid X_{1j}, X_{2j}, \cdots, X_{kj})$$

我们注意到,误差项 ε_j 是 Y 在观测值 j 处所取的观测值 Y_j 与 Y 在总体模型中的预测值之差(即 $X_1 = X_{1j}$, $X_2 = X_{2j}$, $X_k = X_{kj}$)。图 2.1 中的图形显示,在有两个自变量的例子中,ε_j 指的是 Y 在 j 点的取值与回归平面的垂直距离。想要理解回归假设的“实质意义”,理解误差项的含义是至关重要的。

为了理解误差项的含义,我们首先要考虑真实模型的含义。在研究回归分析的文献中,一个真实的模型通常被构想为一种可以解释总体中所有关于因变量的原因的模型。换言之，它可以完全解释因变量在总体中任何情况下取值的模型。因此，这一方程反映了真实模型，包括所有可能影响因变量的变量，同时精确地反映了所有影响的性质。在具体的社会科学应用研究中，要想搞清楚真实模型是不可能的。但是，假设这样的模型存在或许是合理的，尽管对于研究者而言，这一模型实际上是不可知的。

　　当然，很多假设的基本前提是，因变量（在总体中）只能用一种方式解释，或者说只能用一个唯一的真实模型来解释。例如，Luskin 写道：

　　　　唯一的真实模型只存在于计量经济学的证明中。一个给定的因变量总是可以用很多等价且有效的方式进行解释——依靠大量的、理论得出的、异常细致的自变量或者基于少量的理论而略显粗糙的自变量，以及那些能够比较直接地反映其影响的变量，或者那些不直接地发挥其作用的变量。可能真的会有一个给定的独特的真实模型——在某种给定的概念集合上，或者给定的因果距离上。（Luskin，1991:1038）

　　Luskin 对此作出了非常好的解释。例如，假设我们要解释在总体中个人对一些具体事务的态度，我们可以构造方程来解释因果距离。在极端的近距离下，我们能够通过其他更加普遍的态度来解释对于特定问题的态度。从一个更大的因果距离，我们可以发展出基于一个人的社会背景特征的模型；从远距离，我们可以构建一个依赖个人童年经验和社会化的模型。尽管可能有人会争论说，一个真实模型需要在每个因果距离上合并变量,这种合并可能是不合适的。例如,如果有人可以通过一系列普遍性的问题来解释对一个具体问题的看法,同时结合社会背景特征来解释这些普遍的观点,那么,这个用来解释人们对一个具体问题看法的模型,即用普遍性观点和社会背景特征这两种方法同时进行解释,是不合适的。取而代之的是,对于具体问题的态度,可能有两种不同的解释,而这两种不同的解释分别反映了不同的因果距离。

另一种解释是,即使在一个固定的因果距离上以及一个固定的概念集合体层次上,提出真实模型在社会科学研究的背景下也是没有用的。在这种观点下,不存在真实模型这种说法,而只存在理论。因此,试图评价一个回归模型是否符合一些"真实的"模型就是没有意义的。实际上,我们必须把自己限制在一种分析中,即对于那些影响到因变量的理论而言,一个回归模型是否精确地符合我们的理论。

我应该对"真实模型"做一些更加清晰的解释。事实上,对于能想到的每个社会科学因变量,我都怀疑是否存在一个真实的模型。即便真的存在这样的模型,我也怀疑我永远无法弄清楚这个模型。因此,在很大程度上,当研究开始进行时,思考这些模型是没有帮助的。另一方面,好的研究是由关键问题引导的,那是由理论和假设所激起的。与其担心回归模型是否符合某些假设的"真实"模型——那是我们永远无法知道的——我们更应该评判回归模型是否符合我们的理论,以及他们是否能够回答研究问题。不过,为了理解误差项的意义,假设存在一个未知的真实模型并把回归方程与假设模型进行比较,作为一种有启发意义的工具,还是很有用的。

所以，在这种情况下，假设在总体中有一种真实模型能够解释因变量 Y。毫无疑问，这将会是一个非常"长"的模型，因为这个模型会包括所有影响 Y 的变量。假设其中一些变量对 Y 有强烈的影响，但是也有其他的解释变量，它们对 Y 的影响非常微弱。一种推理的路线是，真实模型会完全具有决定性的作用，这也就是说，对于在总体内的任意情况，这会被算成对因变量的完美取值。[4] 在这种假设下，真实模型的形式是：

$$Y_j = \mu_0 + \mu_1 E_{1j} + \mu_2 E_{2j} + \cdots + \mu_p E_{pj} \qquad [2.3]$$

其中，E_1, E_2, $\cdots$, E_p 表示了一种有限——但是非常大——的解释变量的集合。[5]

但是绝大多数关于回归分析的教科书仍然采取这种观点，即使真实模型不是完全决定的，因为"有一些'内在的'变量会约束人的行为，以至于不能够被其他变量完全解释"（Gujarati, 1988: 34; 也可参见 Greene, 1990: 144; Johnson, Johnson & Buse, 1987: 43—44）。这些内在的随机性有时候是因为人类行为的"自由意愿"，或者完全是由"不可预知的事件"造成的（Kelejian & Oates, 1989: 45）。一个悖论是，当所谓的人类行为的"内在的随机性"作为因变量的一部分时，我们会对它们进行更加准确的描述，但实际上并没有准备好如何去解释它们。从这种观点来看，把随机成分引入真实模型，意味着这个模型不再是"真实的"。在任何情况下，我们通过加入一个变量 R 来对真实模型的最初方程进行修改。这一变量表示内在的随机成分。在 Y 的行为中，得到：

$$Y_j = \mu_0 + \mu_1 E_{1j} + \mu_2 E_{2j} + \cdots + \mu_p E_{pj} + R_j \quad (真实模型)$$
$$[2.4]$$

其中, E 和 R 一起完全能够说明 Y 在总体中的差异(如果有人更倾向于前文中真实模型的确定版本,那么只能够假设 $R = 0$,因此把方程 2.4 转换为典型形式,即方程 2.3)。

在实际的研究中,我们永远不可能在经验分析中对真实模型进行研究。我们总是可以排除方程 2.4 中的一些(实际上是绝大部分)E,同时得到回归模型的假设,包括一个或多个自变量和一个误差项:

$$Y_j = \alpha + \beta_1 X_{1j} + \beta_2 X_{2j} + \cdots + \beta_k X_{kj} + \varepsilon_j \quad (估计模型)$$
$$[2.5]$$

为了说得更清楚,我们应该为这些来自真实模型的解释变量重新贴上标签。这些变量被从方程 2.5 的估计模型中剔除。新标签为 Z,因此能够清楚地区分被包括的变量(X)和被剔除的变量(Z)。于是,我们能够重新构造方程 2.4,把 E 分成 k 个 X 和 m 个 Z(其中 $k+m = p$,但是 k 比 m 小多了),同时对 Z 的偏斜系数重新命名:

$$\begin{aligned} Y_j &= \mu_0 + (\beta_1 X_{1j} + \beta_2 X_{2j} + \cdots + \beta_k X_{kj}) \\ &\quad + (\delta_1 Z_{1j} + \delta_2 Z_{2j} + \cdots + \delta_m Z_{mj}) + R_j \\ &= \mu_0 + (\sum_{i=1}^{k} \beta_i X_{ij}) + (\sum_{i=1}^{m} \delta_i Z_{ij}) + R_j \end{aligned}$$

我们把 X 放到方程的一边,化简方程得到:

$$\sum_{i=1}^{k} \beta_i X_{ij} = (Y_j - \mu_0) - (\sum_{i=1}^{m} \delta_i Z_{ij}) - R_j \quad [2.6]$$

接下来,我们重新构造假设模型 2.5,把误差项放在左边,得到：

$$\varepsilon_j = Y_j - \alpha - (\beta_1 X_{1j} + \beta_2 X_{2j} + \cdots + \beta_k X_{kj})$$

$$= Y_j - \alpha - (\sum_{i=1}^{k} \beta_i X_{ij}) \qquad [2.7]$$

最后，从方程 2.6 中将表达式 $\sum_{i=1}^{k} \beta_i X_{ij}$ 代入方程 2.7 中，可得到：

$$\varepsilon_i = Y_j - \alpha - Y_j + \mu_0 + (\sum_{i=1}^{m} \delta_i Z_{ij}) + R_j$$

$$= (\mu_0 - \alpha) + (\sum_{i=1}^{m} \delta_i Z_{ij}) + R_j \qquad [2.8]$$

方程 2.8 表示，我们可以把回归模型中的误差项解释为，所有影响因变量的但却没有被包括在模型中的其他变量的联合作用，加上代表因变量内在随机成分的一个"随机的变量"。因此，假设我们永远无法把所有可能出现在真实模型中的变量包括进任何假设方程，所有的回归模型就必须包括一个误差项来解释这些被排除的变量的作用。

尽管很容易观察到，在任何具体的回归研究中，一个人总是会排除一些事实上会影响因变量的因素，但了解清楚排除这些因素的具体原因还是很有用的。首先，很多影响因变量的因素的实际作用是非常微弱的，因此，忽视这些变量则是明智的。另一方面，从表面来看，将所有对因变量有影响的变量都包含在模型中是一种很有道理的做法，即使这些因素对因变量的影响非常微弱。这是因为，如果这些变量被排除在外，某些被假设为对因变量仅有微弱影响，但实际上可能有更强影响的变量可能被忽略，且即使这个变量的作用非常微弱，把这个变量包含在模型内，也需要用一个预先的假设来说明这个变量的作用是微弱的。但是,把一个对因变量仅有微弱作用的自变量包含在回归方程中是需要付出代价的。如果有微弱作用的变量与方程中其他有强烈影响的变量之间有高度的相关性,那么包括这些"微弱的"变量将会提高对这些作用"强烈的"变量的偏斜系数的估计效度。实际上,在很多情况下,如果所有影响因变量的因素都包括在回归方程里面,那么自变量的数量将会超过用于估计的样本的数量。我们将在后文中看到,这种情况将会导致完全多重共线性回归。这种情况违反了回归假设,同时使得从模型中无法得到有意义的偏斜系数的估计量。

第二,即使所有被认为对因变量有微弱影响的变量都被排除在回归模型之外,仍然会有足够的、对因变量有强烈影响的变量以及足够高的相关性在这些变量之间,来让估计量高度地不精确。如果是这样,在决定哪些对因变量有强烈影响的变量应该被包括进或排除出回归方程时,理论会变得很关键。假设不是所有对因变量有影响的解释变量都有相等的理论旨趣,例如,我们假定理论的目标是获得对四个变量 X_1、X_2、X_3 和 X_4 的影响的准确估计对于 Y 的影响。如果是这样,最好排除那些与这四个变量仅有微弱联系的变量,而不是那些与这些 X 有高度相关性的变量。

第三,将变量从一个回归中去掉的另一个原因是缺乏数据。很可能某些具体的变量在一些样本中本来就是无法被观察到的。同时,尽管我们并不情愿承认,但我们的研究选择有时候是由资源的可利用性决定的,比如,资金和时间的限制使得我们测量某些变量是很不实际的事情。同样的局限也有可能存在于数据收集阶段,即因为限制自变量的数量使得一些变量不得不被排除在外。

最后，还有被我们忽视的问题。即使一个变量对因变量有足够强大的影响，如果在理论推动下的回归模型没有指出这种解释变量的重要性，那么这一变量自然就会被淘汰。

在任何情况下，当考察关于回归假设的误差项是否符合实际应用的需要时，我们应该回到误差项的概念上，即所有影响因变量的，但是没有被包括在回归方程中的变量，加上任意的、内在的、影响因变量的随机因素。

第 3 节 | 其他回归假设

除了方程 2.2 中固有的假设形式,还有其他几种关于误差项的假设形式。因变量和自变量是标准回归模型中的形式:

A1. 所有的自变量 X_1, X_2, X_3, $\cdots$, X_k 是数量化的或者二分的,同时因变量 Y 是数量化的、连续的以及无限的。[6] 而且,所有变量的测量都没有误差。

A2. 所有自变量都有非零方差(即每个自变量的取值都有一些差异)。

A3. 不存在完全多重共线性(即在两个或多个自变量之间没有完全的线性关系)。

A4. 在每一组 k 个自变量中,X_1, X_2, X_3, $\cdots$, X_k,$E(\varepsilon_j \mid X_{1j}, X_{2j}, \cdots, X_{kj}) = 0$(即误差项的均值为 0)。

A5. 对任意一个 X_i,$COV(X_{ij}, \varepsilon_j) = 0$(即每个自变量与误差项都不相关)。[7]

A6. 在每一组 k 个自变量中,$(X_1, X_2, X_3, \cdots, X_k)$,$VAR(\varepsilon_j \mid X_{1j}, X_{2j}, \cdots, X_{kj}) = \sigma^2$,其中 σ^2 是恒定的(即误差项的条件方差是恒定的)。这一条假设被称为"同方差性"。

A7. 对于任意两个观测值，$(X_{1j}, X_{2j}, X_{3j}, \cdots, X_{kj})$ 和 $(X_{1h}, X_{2h}, \cdots, X_{kh})$，$COV(\varepsilon_j, \varepsilon_h) = 0$（即不同观测值的误差项是不相关的）。这一条假设即缺乏自相关性。[8]

A8. 在每一组 k 个自变量中，ε_j 是正态分布的。

作为一组假设，A1 到 A7 被称为"高斯-马尔科夫假设"。

方程 2.2 是一个总体回归方程，其中的参数是未知的。然而，假设有来自于总体的样本数据，这些参数可以被估计。通常情况下，最小二乘估计法——或者普通最小二乘法（OLS）估计量——是可以被确定的。[9] 为了确保总体参数能够被清楚地与它们的估计量区分开，我将用 a 表示 OLS 估计量的截距 α，用 b 来表示偏斜系数 β_i 的估计量。

如果高斯-马尔科夫假设（A1 到 A7）都能被满足，那么最小二乘估计也有一些描述性特征（即无偏性和有效性），也可以被恰当地用于统计推论（比如，引入统计显著性，或者建立置信区间）。这些描述性特征将在下文中进行说明。

第 3 章

"体重"的案例

为了说明回归假设的"实质含义",在本书中,我将通过一个关于人体体重的例子来探索回归模型。这一案例包括134名年龄在34岁到59岁之间的女性。同时,我还假设我们已知真实模型的总体参数——因为这项研究不是在真实世界中展开的[10]:

$$WEIGHT_j = \alpha + \beta_C CALORIES_j + \beta_F FAT_j + \beta_E EXERCISE_j$$
$$+ \beta_H HEIGHT_j + \beta_A AGE_j + \beta_S SMOKER_j$$
$$+ \beta_{FF} FAT_j^2 + \beta_{SE}[(SMOKER_j)(EXERCISE_j)]$$
$$+ \beta_M METABOLISM_j + \varepsilon_{wj} \qquad [3.1]$$

本式满足所有的高斯-马尔科夫假设[11],同时所有的变量有如下定义:WEIGHT(体重)指的是人体体重,单位为磅;CALORIES(卡路里)指的是前一年平均每天的食物摄入量,单位为卡路里;FAT(脂肪)指的是前一年平均每天饱和脂肪的摄入量,单位为克;EXERCISE(锻炼)指的是前一年平均每天通过体育活动消耗的能量,单位为卡路里;HEIGHT(身高)的单位为英尺,AGE(年龄)以周岁来衡量;SMOKER(吸烟)是一个二分变量,当样本是吸烟者时,此变量取1,当样本不吸烟时,此变量取0;METABOLISM(代谢率)指的是以"运气"[12]衡量的代谢率;ε_w表示误差项。总体参数如下所示:α(截距) = 38.10;

β_C(CALORIES) $= 0.0291$；β_F(FAT) $= -3.098$；β_E(EXERCISE) $= -0.1183$；β_H(HEIGHT) $= 1.346$；β_A(AGE) $= -0.285$；β_S(SMOKER) $= 3.01$；β_{FF}(FAT^2) $= 0.084$；β_{SE}[(SMOKER)(EXERCISE)] $= 0.1097$；β_M(METABOLISM) $= -1.795$。

在假设的总体中,有两个与体重有正向线性关系的决定性因素:身高和食物摄入量。身高的系数为 1.346,说明当所有其他变量保持恒定时,人的身高每增加 1 英尺,预计体重相应地增加 1.35 磅。β_C 的取值 0.0291 表示,当其他变量保持不变时,平均每天摄入的食物增加 100 卡路里,平均而言,体重会增加 2.91($= 100 \times 0.0291$)磅。我们注意到,当解释身高或食物摄入量的增加对体重的影响时,我们指的是横截面的"增加",这也就是说,在总体中增加某个单位的某个变量的取值,而在本例中指的是样本中女性的某个变量取值增加。本例是把一位女性与另一位女性不同的身高或者食物摄入量相比较。在动态数据中,我们会更多地考虑"变化",也就是说,我们会考察单个样本的某个变量取值的增减如何随时间的变化而发生改变。当引入时间序列回归时,即估计样本中包含对单个样本在不同时间点的观测值时,就能比较好地对偏斜系数进行动态解释。而利用横截面数据(在多个时间点上,能够反映某个特定时间点上样本之间关系的数据)时,也能够给出对偏斜率的动态解释。举例来说,有些人的兴趣是评估节食减肥的有效性——基于 β_C,这一系数是描述对女性而言,食物摄入量和体重的关系——也就是说,当其他变量保持恒定时,任何一个总体中的女性如果平均每天减少 100 卡路里食物消耗量,都预期能减重 2.91 磅。但是只有当第 2 章中的假设不再适用的时候,我们才会对回归模型进行调整,从现阶段的横截面回归转向跨时段回归分析。这些假设将在下文中进行讨论。

另外,在回归模型中,有两个决定因素与体重有负向的线性关系:AGE 和 METABOLISM。当其他变量保持不变时,年龄每增加 10 岁,预计体重相应减少 2.85(= 10 × 0.285)磅,而快速的代谢率会导致较轻的体重。具体而言,当其他变量保持恒定时,每增加一个单位"运气"的 METAB-OLISM,体重大概平均会减少 1.80 磅。

最后,作为自变量的脂肪摄入量与体重是非线性关系。其他两个变量——女性是否吸烟以及锻炼量——的交互作用会影响体重。这看上去可能有些奇怪,因为第 2 章介绍了线性和可叠加性是方程 2.2 固有的性质,但是一些非线性以及不可叠加性的模型,被认为实际上也是线性的和可叠加的。通过数学变换可以将这些模型转换为线性的和可叠加的,因此,非线性以及不可叠加性都能符合标准 OLS 回归模型。我将在第 5 章中深入讨论非线性和不可叠加性。现在,我只是简单地解释方程 3.1 中的体重模型本质上是线性的和可叠加的。同时,我也会介绍对这个模型中反映出来的线性和可叠加性的特殊性质进行解释。

正如全部的食物摄入量一样,饱和脂肪的消耗与体重之间也是正向的关系,但却并不是线性关系。正是 FAT^2(即变量 FAT 的平方)被包含到模型中才导致了非线性。图 3.1 展示了方程 3.1 中日均脂肪摄入量和预期体重的关系(此时方程中所有其他的变量都取总体均值)。在这个人为规定的"总体"中,饱和脂肪摄入量的取值范围大概从 20 克到 50 克。同时,这幅图也展现了,对于所有有意义的脂肪量的取值,饱和脂肪消耗量对体重的影响的强度随着消耗量的增加而递增。确实,从方程3.1中我们能得到,当所有其他自变量保持恒定时,在任意一个脂肪摄入量的固定取值上,即FAT^2,表示脂肪和体重的期望值的关系的斜率为[13]:

$$\text{WEIGHT} = \beta_F + (2\beta_{FF} \cdot FAT^*)$$
$$= -3.098 + [(2)(0.084)(FAT^*)]$$
$$= -3.098 + (0.168)(FAT^*) \qquad [3.2]$$

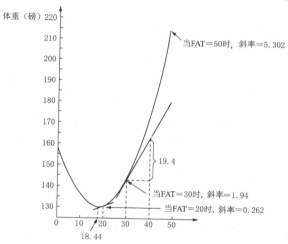

注:本图表示的是当总体中其他所有变量取它们的均值且保持不变时的情况(例如,CALORIES = 1.645,EXERCISE = 20.9,HEIGHT = 64.5,AGE = 46.8,SMOKER = 0.30,METABOLISM = 0以及SMOKER · EXERCISE = 0.3 × 20.9 = 6.27)。

图3.1 饱和脂肪摄入量与体重期望值之间的非线性关系(参见方程3.1)

所以,举例而言,当饱和脂肪摄入量为20克/天时,方程的斜率为0.26[= 3.098 + (0.168)(20)],即当其他所有自变量都保持不变时,饱和脂肪摄入量每增加1克/天,会导致平均体重增加0.26磅。相较而言,当脂肪摄入量为30克/天时,同样的 1 克/天的增幅只会造成体重的期望值增加 1.94 磅。

　　方程 3.1 中的两个决定女性体重的且有交互作用的变量是:女性是否吸烟和体育运动量。回顾这些定义,当这两个变量交互作用并影响因变量 Y 时,其中一个因变量对 Y 的影响的强度依赖于另一个自变量的取值。[14]方程 3.1 中的乘积项 SMOKER·EXERCISE 对这个模型产生交互作用。对于这个交互项,对于偏斜系数的典型解释是,当其他所有自变量的取值保持恒定时,自变量每增加一个单位,因变量随之变化的幅度。但这一解释并不能用到系数 β_E 和 β_S 上(它们分别为变量 EXERCISE 和 SMOKER 的系数)。为了对吸烟和锻炼的系数进行正确的解释,我们对方程 3.1 中的吸烟者和不吸烟者分别进行"评估"。对于不吸烟者,我们先"固定"吸烟为 0,即在方程中假设 $SMOKER_j = 0$。这意味着 SMOKER·EXERCISE 也为 0,那么所有这些回归量都被"剔除",方程可以被简化为:

$$
\begin{aligned}
WEIGHT_j = {} & \alpha + \beta_C CALORIES_j + \beta_F FAT_j + \beta_E EXERCISE_j \\
& + \beta_H HEIGHT_j + \beta_A AGE_j + \beta_{FF} FAT_j^2 \\
& + \beta_M METABOLISM_j + \varepsilon_{Wj} \qquad [3.3]
\end{aligned}
$$

接着对方程 3.1 中的吸烟者进行评估,设 SMOKER = 1,化简合并各项,可得:

$$
\begin{aligned}
WEIGHT_j = {} & (\alpha + \beta_S) + \beta_C CALORIES_j + \beta_F FAT_j \\
& + (\beta_E + \beta_{SE}) EXERCISE_j + \beta_H HEIGHT_j \\
& + \beta_A AGE_j + \beta_{FF} FAT_j^2 + \beta_M METABOLISM_j + \varepsilon_{Wj} \\
& \hspace{8cm} [3.4]
\end{aligned}
$$

方程 3.3 和方程 3.4 表明,当其他自变量保持恒定时,方程

3.1所反映的体重模型表示,运动量与体重的期望值在吸烟者和不吸烟者之间的关系是不一样的。这一点在图 3.2 中也反映出来了。对于不吸烟者,斜率为 $\beta_E(-0.1183)$;而对于吸烟者,斜率则是 $\beta_E + \beta_{SE}(-0.1183 + 0.1097 = -0.0086)$。因此,对于不吸烟者,当其他自变量都保持不变时,通过剧烈运动消耗的能量每增加 100 卡路里/天,将会导致 WEIGHT 期望值减少 $11.83(= 100 \cdot \beta_E)$ 磅。但对于吸烟者,同样的运动量只会导致 $0.86(= 100 \cdot [\beta_E + \beta_{SE}])$ 磅体重的下降。注意,方程3.3和方程3.4 的截距因为 $\beta_S(3.01)$ 而不同,这意味着当其他的自变量取任意固定值时,没有进行体育锻炼的吸烟者(即 EXERCISE = 0),其体重比不吸烟也没有进行剧烈运动的人要平均超出 3.01 磅。

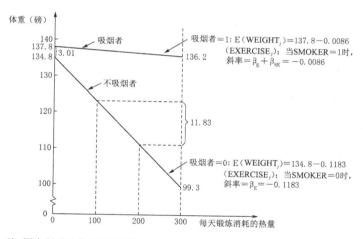

注:图中所示的直线反映的是在总体中所有其他变量都取均值且保持固定的情况(例如,CALORIES = 1.645,HEIGHT = 64.5,AGE = 46.8,METABOLISM = 0以及FAT = 25.2)。然而,这两条直线的斜率并不随着其他取值已经固定的变量而变化,只有两者的交互项会随之变化。

图 3.2 女性是否吸烟与锻炼量对体重的期望值的交互影响(参见方程 3.1)

第 **4** 章

如何得到满意的回归假设结果

如果假设 A1 到 A7(即除误差项为正态分布之外的所有假设)都满足,高斯-马尔科夫理论保证了对 OLS 回归模型系数的估计量有两个理想的特征:无偏和有效(Berry & Feldman,1985:15; Hanushek & Jackson,1977:46—47; Johnson et al.,1987:51; Wonnacott & Wonnacott,1979:27)。[15]无偏性具有极其重要的意义,但是经常被错误地理解。对一个估计量 θ(其总体参数为 θ)和总体参数 θ 的估计量 $\hat{\theta}$,如果它的均值在重复随机取无限多的样本后等于被估计的参数,即 $E(\hat{\theta})=\theta$,那么就称 $\hat{\theta}$ 为无偏的。此外,对于 θ 的无偏估计量 $\hat{\theta}$,如果在特定的无偏估计量中具有最小方差,则称之为"有效的"。所以,在图 4.1 中展现的四个概率分布(其估计量分别为 $\hat{\theta}_1$、$\hat{\theta}_2$、$\hat{\theta}_3$、$\hat{\theta}_4$),$\hat{\theta}_2$ 和 $\hat{\theta}_4$ 都位于总体参数 θ 的"中心",因此它们是无偏的。估计量 $\hat{\theta}_1$ 是负向有偏的,因为 $E(\hat{\theta}_1)-\theta<0$,同时估计量 $\hat{\theta}_3$ 是正向有偏的。在这两个无偏估计量中,$\hat{\theta}_2$ 和 $\hat{\theta}_4$ 是有效的,因为它的方差最小,或者说,它是最精确的。[16]

高斯-马尔科夫假设(A1 到 A7)保证了回归系数估计量平方的最小值是无偏的。也就是说,OLS 估计量在样本取到无限大的时候要"命中靶心"。但是 OLS 估计量的这一特

征无法保证每个基于单个样本回归总体的单个估计量能够
与总体取值相等。相反,从总体中不断重复抽样能够对每
个参数都产生一个概率分布估计——称为"抽样分布"——
这一分布的均值即总体参数,但仍会包括比总体参数大或
小的取值。[17] 并且,在那些线性的、无偏的、有效的估计量
中,回归参数的最小二乘估计量一定是有最小方差的抽样
分布。用速记符号来表示,OLS 系数的估计量被描述为
BLUE——最优(表示有最小的抽样方差)、线性且无偏的估
计量。

误差项是正态分布的(A8)这一假设的重要性主要在
于,它提供了关于回归系数估计量抽样分布"形状"的信息。
除了假设 A1 到 A7 以外,当正态分布的误差项保持不变
时,每个 OLS 回归系数的估计量的抽样分布也是正态分
布的。因此,如果假设 A1 到 A8 都能满足,OLS 估计量 b_i
(参数为 β_i)就能够精确地反映图 4.1 中 $\hat{\theta}_2$ 的正态概率
分布。

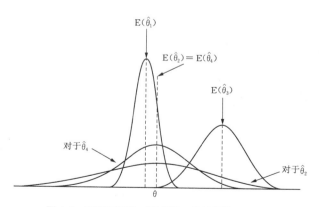

图 4.1　四种不同的对于参数 θ 估计量的概率分布

对于数量较大的随机样本(确实是无限大的样本),其最小二乘估计量的期望值具有无偏性的特征,而对于单个的估计量则没有这一特性。为了说明这一点,我从 134 个虚构总体中的 50 个样本中随机抽取了 200 个身高样本,并利用 OLS 估计方程 3.1 中的参数。表 4.1 比较了 200 个样本的 OLS 每个平均回归系数的估计量(第二列)和真实总体的回归系数(第一列)。对每个参数,OLS 的平均估计量与总体值非常接近。确实,从第三列可以看出,平均估计量与参数值的比率一致地接近于 1.00,跨度从 0.945 到 1.112。但要注意,基于一个样本的估计量有巨大的潜在偏误。对于每个参数,从 200 个样本中得出的最小二乘估计量的最大值和最小值已经分别列在第四列和第五列。另外,图 4.2 展示了 200 个身高系数估计量 β_H 的频率分布。

表 4.1 总体方程 3.1 的参数 OLS 估计的比较

参数	(1) 总体取值[a]	(2) 平均 OLS 估计量[b]	(3) 第二列/第一列	(4) 最小 OLS 估计量[b]	(5) 最大 OLS 估计量[b]
α	30.10	40.69	1.068	-30.20	118.68
β_C	0.0291	0.0295	1.013	0.0163	0.0449
β_F	-3.098	-3.176	1.025	-5.883	-1.220
β_E	-0.1183	-0.1315	1.112	-0.2225	-0.0208
β_H	1.346	1.327	0.986	0.130	2.706
β_A	-0.285	-0.300	1.053	-0.575	0.092
β_S	3.01	2.91	0.967	-4.78	10.03
β_{FF}	0.084	0.085	1.012	0.043	0.130
β_{SE}	0.1097	0.1037	0.945	-0.1298	0.3208
β_M	-1.795	-1.814	1.011	2.456	-1.244

注:a. 如正文所述。

b. 50 个样本中 200 次随机抽样。

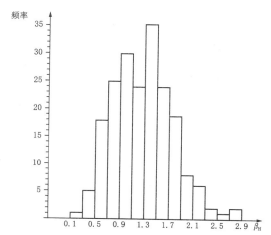

图 4.2　体重模型中 200 个身高系数的估计量的分布

这说明,基于单一的随机样本估计出来的 β_H 不会非常精确(所得范围是小于 0.130 或者大于 2.706),但是却很有可能接近于分布的均值(1.327)。如果在上述频率分布中估计量的数量能够接近无限大,那么这个分布就会越来越接近正态分布。

记住,即使满足高斯-马尔科夫假设,对 OLS 回归模型的"最好的"线性无偏估计量而言,也不能保证它在所有的估计量中都是最好的——它只在线性无偏估计量中才是最好的。当然也不是说,所有无偏的估计量都比有偏的估计量要好。当然,在判断估计量的总体质量时,分析者需要同时考虑偏误和方差。举例而言,图 4.1 中的 $\hat{\theta}_2$ 是参数 θ 的一个无偏估计量,而 $\hat{\theta}_1$ 是有偏的,但 $\hat{\theta}_1$ 是更好的估计量。对于一个单独的样本,$\hat{\theta}_1$ 比 $\hat{\theta}_2$ 的值更有可能接近总体值 θ。在接下来的章节中,我们将看到在 OLS 估计量中,几个由于违反了回归假设而导致偏误的情况。反之,有些回归量在违反回归假设时却仍然能够保持无偏,但对绝大部分无偏估计量而言,取得这样的精确性是要付出代价的。因此,当某个具体的回归假设被违背但 OLS 估计量仍然保持无偏时,我们并不能下结论说,违背回归假设是不重要的。从图 4.1 中的无偏估计量 $\hat{\beta}_1$ 的分布来看,当估计量有巨大差异而又无偏时,研究者不能心存侥幸。

第 **5** 章

回归假设的实质意义

第 1 节 ┃ 从横截面回归中得出动态的 解释

　　前文曾提到,回归模型可以是横截面的(指的是在同一时间点上,从各个不同角度观察样本),或者是时间序列的(指的是在不同时间点上,只观察样本的一个方面)。[18]横截面回归模型的偏斜系数提供了很多信息,包括当自变量在一个单独的时间点上发生一定的变动(例如,出现差异)时,因变量的期望变化(或者差异)。相反,时间序列回归模型的系数告诉我们动态的或者跨时间段的变化,即它们会指出对于自变量从一个时间点到另一个时间点的变化,因变量的反应。由于时间序列回归所必需的数据通常无法得到,所以绝大部分社会科学回归分析都是横截面的。这些用来分析的数据通常包括个人、家庭、公司和其他组织、城市、国家或者民族。但是,在绝大多数情况下,能够动态解释的回归系数更加有趣。

　　举个例子,有一项研究旨在验证一个假设,即收入的增加会提高工作满意度。当我们说收入会影响工作满意度时,这通常指的是,如果我们选择一个人,并且调高他的收入,当保证其他变量恒定时,他(她)的工作满意度也会提高。一般来说,我们用横截面的方法来研究这一命题,因为收集一个人在不同时间段工作满意度的时间序列数据是非常困难的。然而,即使现实中的限制会让研究者转向利用横截面数据开展研究,我们仍然对个人收入和他(她)的工作满意程度的动态关系有着根本的兴趣。在公共政策分析中,人们主要的兴趣仍然在于利用动态数据进行解释的研究发现。例如,一项结论显示,A 政策相较 B 政策而言,大大提高了社区居民的生活质量。如果仅仅用横截面的数据来说明 A 政策比 B 政策对居民生活水平质量的提高的程度要高,那么这对政策制定者和学者而言,价值就非常小了。相反,如果辖区居民的生活水平因为政府由政策 A 转向政策 B 而大大提高,那么这个结论就有很大的理论和现实意义。

这并不是说横截面的关系对社会科学家而言是毫无意义的。如果真是这样,那些关于个人行为的理论永远不会将人类自身的特质——例如性别或者种族——作为自变量。因为这些变量的取值与其他变量不会有时间序列上的关系。确实,在回归模型中,如果对种族这一变量的偏斜系数进行动态解释,且因变量为政党党员身份,那么就会得出无意义的结论:"当一个人的种族从白人变为非洲裔美国人时,他(她)的民主党党员身份的强度就会……"

不管怎样,在何种条件下对横截面回归模型的偏斜系数进行动态解释才是合适的呢?有两个假设必须满足。第一个是跨单位的不变性:决定一个样本的因变量跨时间段的取值范围的"过程"必须与上文中分析过的横截面中样本的取值过程是一致的。更正式地说,表达变量间横截面关系的回归方程必须精确地符合每个单位中因变量取值的过程。第二个假设是跨时间的不变性:任意一个单位的因变量取值变化的过程随着时间的推移,都必须保持稳定。每个自变量作用的级别(也就是每个偏斜率系数)必须保持一致。如果两个假设都得到满足,那么就假设我们有两个样本对于同一个自变量 X_1 有不同的取值,X_1' 和 X_1'',在同一个时间点给我们的信息必须与这一过程一致,即我们从一个样本在 X_1 处的取值为 X_1',过一段时间以后其取值变为 X_1''。因为跨单位和跨时间不变性的假设在任何实际应用中都不可能严格符合要求,所以实际的情况是这些假设都只能近似地满足。研究者应该抵制根据横截面回归系数进行动态解释,除非他们相信因变量的决定过程在时间和空间上都高度相似。

第 2 节 ｜ **假设：缺乏完全多重共线性**

在样本中，当观测值的自变量出现完全多重共线性时，会有无数回归平面（例如，在有两个自变量的例子中的回归平面）完全等价地"符合"因变量的观测值。因此，最小平方标准无法得出唯一的系数估计量。这种情况在研究设计中很少出现，因为完全多重共线性要求在样本中，一个自变量（我们设其为 X_i）与其他自变量完全线性重合。这意味着 X_i 可以表示为：

$$X_{ij} = c_0 + c_1 X_{1j} + c_2 X_{2j} + \cdots + c_{i-1} X_{i-1,j} + c_{i+1} X_{i+1,j} + \cdots + c_k X_{kj}$$

在这里，有部分但不是全部的常数 c_0，c_1，c_2，$\cdots$，c_{i-1}，c_{i+1}，$\cdots$，c_k 有可能为 0。在这种情况下，如果用 X_i 对剩下的自变量进行回归，那么 R^2 将肯定为 1.00。

为了说明完全多重共线性的结果，我将验证一个只有两个自变量的模型：

$$Y_j = \alpha + \beta_1 X_{1j} + \beta_2 X_{2j} + \varepsilon_j$$

其中，X_1 和 X_2 有线性关系，如下面的方程所示：

$$X_{1j} = c + dX_{2j} \qquad\qquad [5.1]$$

其中，β_2 可以被解释为，当 X_1 保持不变时，X_2 每增加一个单位，因变量 Y 变化的期望值。但是如果 X_1 和 X_2 存在如方程 5.1 所示的联系，那么当 X_1 保持不变时，要 X_2 增加一个单位是不可能的。具体来说，X_2 每增加 1 个单位，X_1 就会增加 d 个单位。基于这个原因，不可能在控制另一个自变量的情况下分离出一个自变量对因变量的影响。

实际上，完全多重共线性只会在三种情况下出现：第一，研究人员错误地将一系列"已经建立的"线性关系的因变量包括在内。例如，如果一位研究人员在方程 3.1 的自变量中加入出生年份（表示为 YEAR），那么就会在任何样本中出现完全多重共线性，对于所有个人，就有：

$$年龄_j = c - d 出生年份_j$$

c 表示现在的年份，同时 $d = 1$。一个类似的情况将会发生，如果一个分析人员在体重模型的自变量中加入"生活方式"指数，而且这个新变量是一个附加指数。这个附加指数是由卡路里消耗量（CALORIES）、剧烈运动消耗量（EXERCISE）以及他们是否吸烟（SMOKER）组成的。这一指数与模型中的其他三个自变量是完全的线性组合。

第二种可以导致完全多重共线性的情况是，当把离散的自变量纳入回归模型中时，处理虚拟变量可能出现的错误。当研究者用 r 个虚拟变量来表示离散变量的取值时，就会导致完全多重共线性。相反，实际上只有 $r-1$ 个虚拟变量能够包含在内。我们可以来看一个有太多虚拟变量的例子，这个例子包含了在回归方程中三种反映成人婚姻状况的分类：(1)现在已婚；(2)离婚或丧偶；(3)未婚。通过包含任意两个

以下的二分变量,婚姻状态的影响可以在回归模型中很恰当地重组:

$$M_j = 1(如果 j 现在已婚,否则为 0)$$
$$D_j = 1(如果 j 离异或丧偶,否则为 0)$$
$$N_j = 1(如果 j 从未结过婚,否则为 0)$$

但是,如果分析人员把所有三个虚拟变量都包含在回归中,就会出现完全多重共线性。因为三个虚拟变量中的任意一个都与另外两个完全组合。

$$M_j = 1 - (1)D_j - (1)N_j \qquad [5.2]$$

为了解释方程 5.2 的含义,我们首先认识到,婚姻状态变量可以区分三种类型的人,这些被分类的人以虚拟变量的取值形式出现在下表中:

类　型	M	D	N
现在已婚	1	0	0
从未结婚	0	0	1
离婚或丧偶	0	1	0

那么,在方程 5.2 中,我们能够确认 M、D 和 N 之间的关系满足所有三类人。对已婚者来说,方程 5.2 可以得出 $1 = 1 - 0 - 0$;对那些从未结婚者,可得出 $0 = 1 - 0 - 1$;对离婚和丧偶者,我们可以得出 $0 = 1 - 1 - 0$。

在以上讨论会导致完全多重共线性的情况中,请注意这个问题是与模型特殊性有关的,而不与用来估计的数据的性质有关。确实,在这些情况中,没有任何一种数据集——不管有多大——能够让 OLS 回归运作出唯一的参数估计量。计量经济学家所指的那些凭借对自身描述的模型也不能得出唯一的系数估计量，因为它们并没有被清晰地辨识。

第三种导致完全多重共线性情况的发生，不是因为模型无法辨识，而是因为用来估计的样本量太小。具体而言，在方程中，只要观测值的数量小于变量（自变量和因变量）的数量，就会出现完全多重共线性。例如，方程 3.1 中尝试估计的体重模型包括 10 个变量，如果数据不足 10 个观测值，将无法得出唯一的参数估计。

对于有两个自变量的回归模型，有一种几何学解释可以帮助我们弄清楚为什么样本量太少会导致多重共线性。假设一位研究者希望用身高和卡路里两个预测变量来估计一个改动后的体重模型。总体回归方程在这个案例中将是一个平面（即表面光滑的平面）。在三维空间中，用坐标轴分别表示卡路里、身高和体重的取值。如果研究者试图只用两个案例来估计这个方程，数据将会显示为空间中的两点。因此，估计方程的任务将会是在三维空间中寻找最适合这两点的平面。通过这两点的直线将非常适合这两点，所以任何包含这条直线的无数个平面都会非常符合这两点，因此无数组系数估计量将使得回归方程的 R^2 为 1.00。

一种普遍的误解是，自变量之间任意"精确的"关系（线性的或非线性的）会导致完全多重共线性。事实并非如此。实际上，如果方程中包含两个变量，即使其中一个是完全单调的（即按照一定顺序排列的）且非线性的，另一个变量的转换也不会导致完全多重共线性。例如，方程 3.1 中同时包括 FAT 和 FAT^2，也没有导致完全多重共线性。

另一种流行的误解是，高度（但不是完全）多重共线性违反多元回归的假设。但是，回顾高斯-马尔科夫假设会发现，自变量之间近似的线性关系并不违背任何假设。因此,即使面对严重的多重共线性,OLS 参数假设仍然是最优无偏线性估计。这并不意味着分析人员没有为高度多重共线性付出代价。在这种条件下,对于那些具有共线性的变量而言,其偏斜系数估计量的标准误差将会非常高,因此,对于自变量的效果的估计将会在不同的样本之间有巨大的波动。[19] 实际上,鉴于完全多重共线性通常被认为是鉴别的问题,强度较弱的多重共线性则被看做统计问题,但这一问题牵涉了估计样本中的众多自变量,而巨大的估计样本就很难对自变量的独特的效果作出精准的估计。

第 3 节 │ 假设：误差项与每个自变量
都没有相关关系

分析人员常常会把回归方程中误差项的含义和 OLS 回归残差弄混。残差被定义为，因变量的观测值与样本中基于最小二乘系数法估计得出的预测值的差异。更正式地说，如果方程 2.2 的系数由样本估计得出，并将这些估计量表示为 a，b_1，b_2，$\cdots$，b_k，则任何回归残差 j——表示为 e_j——就被定义为：

$$e_j = Y_j - \hat{Y}_j = Y_j - (a + b_1 X_{1j} + b_2 X_{2j} + \cdots + b_k X_{kj})$$

其中，$\hat{Y}_j$ 表示基于样本系数估计量得出的 Y 的预测值。在上图所示的估计样本回归表面中，Y 表示纵轴，样本的残差 e_j 表示估计回归表面和 Y 在该点的观测值的纵轴间的距离。对于二变量模型，这一距离在图 5.1 中表现为 X 在观测值处的取值 X_j。相反，误差项 ε_j 反映了无法观测的总体回归表面和根据样本得到的观测值 Y 的纵轴距离，这在图 5.1 的二变量模型中也能表现出来。必须认识到，对于自变量之间关系的经验研究与基于样本的 OLS 回归并不能得出自变量与误差项不相关的假设（即第 2 章中列出的 A5 假设）是否合理的结论。这是因为无论误差项 ε 的分布究竟如何，最小二乘法标准本身就保证了回归残差项总是与所有自变量完全不相关。

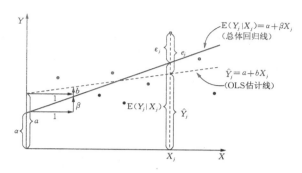

注:e_j表示对观测值 j 的回归残差,ε_j表示误差项。

图 5.1　二元回归模型中的回归残差与误差项

为了理解这一假设的本质含义,即误差项与每个自变量都不相关(A5),我们回到误差项的概念(可参见方程 2.8)即所有影响因变量但是被排除在回归方程之外的变量影响的集合,以及对因变量产生影响的任意随机因素。我们可以正式地写为:

$$\varepsilon_j = \delta_0 + \delta_1 Z_{1j} + \delta_2 Z_{2j} + \cdots + \delta_m Z_{mj} + R_j \qquad [5.3]$$

被排除的自变量标记为 Z,R 表示随机成分,方程 2.8 中的截距被重新命名为 δ_0。给定概念 ε,误差项与每个自变量都不相关的假设需要满足 $\sum_{i=1}^{m} \delta_i Z_{ij}$ 与每个包含在内的 X 变量都不相关[20],尽管被排除的解释变量的线性组合(即 $\sum_{i=1}^{m} \delta_i Z_{ij}$)很有可能与每个自变量都不相关。如果自变量 Z 不是那种基于理论的、在那些被排除在外的变量中与它的联系最紧密但是与其他被包含在内的变量联系最弱的变量,那么我们就有自信说假设 A5 是有道理的。

存在一种情况是,误差项与每个在回归方程中的自变量都不相关这种假设,当出现互为因果关系时,即当因变量影响一个或多个自变量时,肯定会被违反。例如,假设

$$Y_j = \alpha + \beta_1 X_{1j} + \beta_2 X_{2j} + \cdots + \beta_k X_{kj} + \varepsilon_j \qquad [5.4]$$

所有高斯-马尔科夫假设都被满足,除了没有关于 $COV(X_{1j}, \varepsilon_j)$ 的假设。但是假定 Y 是 X_1 的一个原因。具体来说,假设

$$X_{1j} = \alpha^* + \beta^* Y_j + u_j \qquad [5.5]$$

其中, $\beta^* \neq 0$ 且 u 为误差项。在这个例子里, $COV(X_{1j}, \varepsilon_j)$ 一定不为 0。本质上来说,因为 ε 是一个影响 Y 的误差项,所以当 Y 转而影响 X_1 时, ε 是 X_1 的一个"间接"原因。因此, X_1 和 ε 必然相关。[21]一种正式的证明是,当 Y 是 X_1 的一个原因时,要求证 $COV(X_{1j}, \varepsilon_j) \neq 0$ 需要更多的数学运算(参见 Gujarati, 1988:563—564,有与本例类似的模型的证明)。

第 4 节 | 设定误差:使用错误的自变量

在绝大多数情况下,当回归方程或者其中一个假设出现任何形式的错误时,我们就认为出现了设定误差。但是绝大多数社会科学家都把这一术语用在更加狭义的范围里,即用它去描述变量被纳入回归模型时所出现的错误。在本章的下一个部分中考虑到了一种设定误差,即"正确的"变量也被包含在内,但是模型没有以实用的(或者数学的)形式准确地表达变量之间的关系。本部分的主题是,当回归方程被"错误的"自变量估计出来时出现的设定误差的情况,即相关的变量被排除在模型外,而不相关的变量却被包含在内,或者两种情况兼而有之。

概念"排除相关变量"和"包括不相关的变量"给出了一条用来判断变量与模型的相关性的标准。在文献中,关于特殊误差的讨论通常提出由两个参考框架来评估:(1)一个真实的模型(在第 2 章中曾讨论过);(2)由理论驱动的回归。对于前者,研究者对一个回归模型的判断是基于这个模型在多大程度上符合一个能解释因变量的真实模型的。就后者而言,回归分析的使用者被假定为必须有一套理论,而设定的精确程度取决于回归模型能够在多大程度上反映理论。我的观点是,以理论作为参考框架来判断模型的特殊性,比用一个难以捉摸的"真实模型"来判断更有道理。

首先,正如我们已知的,对于这一概念提出的一些挑战是,是否存在一个唯一的真实模型去解释任何给定的因变量?其次,即使我们接受存在真实模型这一假设,模型中的所有变量仍然是不可知的。因此,实际上我们几乎无法相信一个真实模型能提供一个唯一明确的、能够与估计出来的回归估计模型进行比较的参考框架。

另一种替换——把理论当做参考框架——确实也有自身的风险。最主要的是,它会制造一种"倒转"的诱惑:一开始设计一个回归模型,且只包括那些能够在现有的样本中测量出来的变量,结束的时候再"塑造"一种精确地包括那些变量的理论。这种方法可以保证设定误差在名义上可以被去除,但是这种去除完全是表面上的,实际上它还是存在的。结果是,无论何时我们建立作为分析回归模型恰当性参考框架的一套理论,最重要的是,我们必须认真对待对这种理论没有考虑到某些特定变量或将某些关系设定为错误的方程形式的批评。然而,考虑到一位研究者已经对理论的架构给予了足够细致的考虑,所得出的理论应该是合理的。同时,基于已有的数据问题能够阻止对理论的修改。理论在判断估计模型时能显现出最为适合的参考框架。

所以,在本书中,我规定了设定误差的概念,从而排除那种有一个或多个解释变量包括在理论中但被排除在估计模型之外的情况。在分析这种误差的后果时,我们假设的策略是,有一个类似于回归方程的形式化了的理论。例如,

$$Y_j = \alpha + \beta_1 X_{1j} + \beta_2 X_{2j} + \beta_3 X_{3j} + \beta_4 X_{4j}$$
$$+ \beta_5 X_{5j} + \beta_6 X_{6j} + \varepsilon_j \text{(理论模型)} \qquad [5.6]$$

这一方程包含干扰项 ε,表示所有那些能够影响 Y,但在理论中无法完全被确定的因素,以及任何本质上会对 Y 产生作用的随机要素。我们假设方程 5.6 满足高斯-马尔科夫假设。实质上,这一假设表明,这一理论精确地反映了 Y 被确定的过程。如果数据能够支持直接估计方程(这样的话,估计模型将与理论完全相同),我们就能够保证 OLS 估计量是无偏的。但是,相反,我们将建立一个类似于参考框架的方程。假设估计模型排除了一个或多个 X,接着得出结果。例如,假设 X₁ 和 X₂ 被排除,得出:

$$Y_j = \alpha + \beta_3 X_{3j} + \beta_4 X_{4j} + \beta_5 X_{5j} + \beta_6 X_{6j} + u_j \quad (\text{估计模型})$$

$$[5.7]$$

其中,估计方程的误差项用 u 表示,以区别于理论方程中的 ε。

理解这种类型排除法的影响的关键是,认识到方程 5.7 并没有完全忽略 X_1 和 X_2 对 Y 的影响,它只是降低了对方程误差项的影响。换句话说,u 既是 ε 也是 X_1 和 X_2 的函数:

$$u_j = \varepsilon_j + \beta_1 X_{1j} + \beta_2 X_{2j}$$

而 ε 被假设为与每个 X_3、X_4、X_5 和 X_6 都不相关(假设 A5)。除非 X_1 和 X_2 与其他自变量都没有关系,u 被假设为与 X_3、X_4、X_5 和 X_6 都相关,反对假设 A5。除非 X_1 与 X_2 都与其他自变量不相关,鉴于违反了假设 A5,u 必然会被假设与 X_3、X_4、X_5 和 X_6 相关。这样,我们可以对等地理解由于排除变量导致设定误差造成的后果以及违反误差项与每个自变量都不相关的假设。因此,由排除变量而造成的设定误差的结果与违反回归假设——即误差项与每一个自变量都不相关——的影响是相同的。然而,非常重要的一点是,我们必须认识到所有下列设定误差的结果都满足一个前提,即参考框架(即理论)都满足高斯-马尔科夫假设。例如,我们应该看到,如果 X_1 与 X_2 与其他的 X_3、X_4、X_5 和 X_6 是不相关的,即使出现特殊误差,方程 5.7 中的偏斜系数的 OLS 估计量仍是无偏的。但是这种无偏性在"真实的"理论中不一定会发生(即方程 5.6 满足高斯-马尔科夫假设)。

　　基于这一点,我们可以更加明确地从最简单的案例开始,研究由排除变量导致的设定误差。包括两个自变量的参考模型:

$$Y_j = \alpha + \beta_1 X_{1j} + \beta_2 X_{2j} + \varepsilon_j \qquad \text{(参考框架)}$$

以及排除其中一个自变量的参考模型:

$$Y_j = \alpha + \beta_1 X_{1j} + u_j \qquad \text{(估计模型)}$$

我们假定参考模型满足高斯-马尔科夫假设,所以 β_1 和 β_2 都大于 0,在假设样本中 X_1 与 X_2 是正向相关的。直觉告诉我们,因为 X_2 被排除在估计回归之外,且 X_1 与 X_2 正向相关,所以一些 X_2 对 Y 的正向影响会同时对 X_1 起作用,导致 X_1 对 Y 的影响有可能被高估。这种直觉被证明是正确的。当 X_2 被忽略时,β_1 的估计量出现正向偏误,而整体中 X_2 对 Y 的影响强度以及样本中 X_1 和 X_2 的关系强度决定了这一偏误的级别。$E(b_1) = \beta_1 + b_{21}\beta_2$,其中 b_{21} 是斜率系数,来自所谓的辅助回归,也就是说,样本中 X_2 对 X_1 的回归。如果 X_1 和 X_2 之间的相关性是正向的,那么 b_{21} 也是正向的。

　　排除法的设定误差的含义也可以在普通情况下精确地表达,只要参照模型满足高斯-马尔科夫假设(Deegan,1976;

Maddala，1992：162—163；Rao & Miller，1971）。[22]假设参考框架模型包含 r 个变量（X_1，X_2，…，X_r），但是估计模型仅包含前 g 个变量。对包含在内的变量 $X_i(1 \leqslant i \leqslant g)$，其 OLS 估计量的偏误由以下方程表示：

$$\mathrm{E}(b_i) = \beta_i + \sum_{j=g+1}^{r} b_{ji}\beta_j \qquad [5.8]$$

其中，b_{ji} 是 X_i 的偏斜系数，来自包含所有 g 个变量（X_1，X_2，…，X_g）的辅助回归 X_j。因此，对那些排除在外的变量（β_{g+1}，β_{g+2}，…，β_r）来说，b_i 的偏误是偏斜系数的加权总和。其中，每个 β_j 的权重（即 b_{ji}）是一个来源于辅助回归的测量值，也即当所有其他包括在内的变量保持不变时，X_j 和 X_i 之间关系强度的测量值。

我将用"体重"的例子来描述关于排除法的设定误差的意义。假设在方程 3.1 中排除 METABOLISM（在样本中无法测量个体的 METABOLISM），那么，对误差的具体回归是 $u_j = \varepsilon_j - 1.795(\mathrm{METABOLISM}_j)$。误差项中的 ε 与模型中每个自变量都不相关（假设 A5），但是它与 METABOLISM 的关系如何解释呢？在实际的研究中，我们可以进行估计和猜测，但是并不能得到肯定的答案。然而，在我们设计的案例中，所有变量之间的相互关系都被呈现在表 5.1 中。请注意，METABOLISM 与剩下的自变量不是高度相关的，它与其他变量的二分关系取值的跨度从 0.32（CALORIES 和 AGE）直到几近为 0。另外，当 METABOLISM 对在方程 3.1 中的所有其他自变量进行回归时，得出的 R^2 只有 0.31。绝大多数分析人员大概会总结道，METABOLISM 与剩下的自变量不存在高度的共线性。

表 5.1　134 个女性样本的方程 3.1 中各个独立随机变量的关系

	(1) CALORIES	(2) FAT	(3) EXERCISE	(4) HEIGHT	(5) AGE
CALORIES	1.00				
FAT	0.78	1.00			
EXERCISE	−0.35	−0.25	1.00		
HEIGHT	0.25	0.24	−0.31	1.00	
AGE	0.27	0.30	−0.25	0.09	1.00
SMOKER	0.29	0.35	−0.06	0.06	0.27
FAT^2	0.77	0.98	−0.22	0.23	0.33
SMOKER·EXERCISE	0.10	0.17	0.34	0.03	0.12
METABOLISM	0.32	0.25	0.00	0.18	−0.32

	(6) SMOKER	(7) FAT^2	(8) SMOKER· EXERCISE	(9) METABO- LISM	(10) R^2
CALORIES					0.66
FAT					0.97
EXERCISE					0.41
HEIGHT					0.16
AGE					0.35
SMOKER	1.00				0.37
FAT^2	0.18	1.00			0.97
SMOKER·EXERCISE	0.24	0.18	1.00		0.41
METABOLISM	1.00	0.24	0.03	1.00	0.31

注：列(1)到列(9)的值是二元相关的；列(10)的值是在方程 3.1 中，表左侧的项相对于其余的项的 R^2 值。

　　尽管如此，当回归因子中除去 METABOLISM 时，却导致某些系数估计值出现了实质性的偏误。[23] 表 5.2 的列(2)表明，当代谢被排除时，方程 3.1 中的参数估计量的期望值。列(3)给出了一个"相对的"估计量偏误测量值。它表明了当变量 METABOLISM 被排除在回归模型以外时，得到的估计量的期望值与没有设定误差且没有误差的期望值之间的差异的比例。对于年龄这一变量，设定误差问题是最严重的，因为其期望值 b_A 的符号都被逆转了。实际的情况是，人的年龄每增加 10 岁,体重就会减少 2.85 磅。但是错误的模型却指出,年龄每增长 10 岁,体重的期望值反而会增加 1.9 磅。另外,还有三个偏斜系数估计量的偏误至少被低估了 30%,即 CALORIES、HEIGHT 和 SMOKER。

表 5.2　设定误差示例:方程 3.1 中被排除的变量

变　量	参　数	(1) 总体取值（无设定误差）[a]	(2) 排除 METABOLISM 无设定误差下参数的期望估计量
截距	α	38.10	65.83
CALORIES	β_C	0.0291	0.0199
FAT	β_F	−3.098	−3.001
EXERCISE	β_E	−0.1183	−0.1384
HEIGHT	β_H	1.346	0.817
AGE	β_A	−0.285	0.190
SMOKER	β_S	3.01	1.46
FAT²	β_{FF}	0.084	0.080
SMOKER · EXERCISE	β_{SE}	0.1097	0.1299
METABOLISM	β_M	−1.795	—

	(3) 设定误差导致的百分比偏差[b]	(4) 排除变量 METABOLISM 和 FAT 无设定误差下参数的期望估计量	(5) 设定误差导致的百分比偏差[c]
截距	0.73	−26.84	−1.70
CALORIES	−0.32	0.0424	0.46
FAT	−0.03	—	—
EXERCISE	0.17	−0.0854	−0.28
HEIGHT	−0.39	1.154	−0.14
AGE	−1.66	0.418	−2.47
SMOKER	−0.51	5.43	0.78
FAT²	−0.05	—	—
SMOKER · EXERCISE	0.18	0.1033	−0.06
METABOLISM	—	—	—

注:a. 如正文所述。

　b. (列(2)变量值−列(1)变量值)/列(1)变量值。

　c. (列(4)变量值−列(1)变量值)/列(1)变量值。

方程 5.8 告诉我们,如果要从关于排除法的设定误差中了解偏误的具体程度,我们需要知道:(1)(在参考框架方程中)每个被排除的变量的偏斜系数;(2)每个被排除的变量在辅助回归中对于所有被包含的变量所得出的偏斜系数。实际上,前一种系数——作为总体取值——在本质上是不可知的。对于后一种系数,没有被排除的变量的数据也是无法计算的。然而,当仅有单个的自变量被排除时,偏误量(方程5.8中的 $\sum b_{ji}\beta_{j}$)就简化为一个乘积。同时,理论驱动的回归分析有时候会允许合理的、关于这个乘积符号的推论:正的或者负的。例如,假设一位分析人员关心的是,在某些模型中,排除 X_2 对偏斜系数估计量 b_1 的影响。这个理论所隐含的逻辑会产生一种关于 β_2 正负号的预测。在很多情况下,研究者也会掌握一些信息,或者至少是辅助回归中的 X_1 对于所有包含在内的变量 X_2 的斜率系数 b_{21} 的符号的直觉判断。也许 X_1 和 X_2 之间的关系在其他研究中已经被解释得很清楚了,因此,关于 b_{21} 的符号问题的经验判断是可知的。在另一些情况下,研究者不得不依赖"有根据的推断"来判断 X_1 和 X_2 之间的二分关系的符号。相应的,关于 β_2 和 b_{21} 的符号的预测导致了对偏误方向的清晰的预测,因为偏误是这两个值的乘积。

假设我们不知道方程 3.1 中的总体参数。尽管理论上我们相信 METABOLISM 会影响个人的体重,但数据的缺乏迫使我们把 METABOLISM 从估计方程中排除出去。那么我们能够推导出哪些合情合理的、关于受到设定误差影响的参数估计量的偏误的论断?[24] 如果我们没有先验的理论(或者甚至是直觉),即当控制剩下的变量时,关于代谢率和某个特定的自变量之间的符号关系的理论,那么自变量的系数估计量中所存在的偏误方向是不能被预测的。

但是，在某些样本中，我们可以对可能的偏误方向作出一个合理的预测。例如，请考虑食物摄取量的参数（CALORIES）β_C。利用方程 5.8，把 METABOLISM 当做单一的被排除的变量，我们可以得到：

$$E(b_C) = \beta_C + b_{MC}\beta_M \qquad [5.9]$$

其中，b_{MC} 是辅助回归中 CALORIES 的偏斜系数。这一辅助回归方程描述了 METABOLISM 在方程 3.1 中对其他所有自变量的影响（除了变量 METABOLISM）。假设我们的理论提出 β_M 是负的，基于代谢越快的人倾向于吃得越多的印象，那么我们可以总结出 $b_{MC}\beta_M$ 是负的。方程 5.9 又暗示，基于一个排除了变量 METABOLISM 的方程得出的估计量 β_C 很可能会"太过负面"，也就是说，为了与真实的参数等价，β_C 要加上一个负数。这类信息到底有多大的作用，取决于 β_C 在特定的样本中的估计值的符号。如果 b_C 是负的，那么我们通过估计得到的信息很有可能"太负向了"，以至于我们无法确定有可能出现的真实参数的符号到底是绝对值较小的负数还是正数。更加可能的一种情况是，如果 b_C 在某些样本中是正的，这个估计量可能是"太过负向的"信息将会让我们得出这样的结论，即我们的假设很可能低估了食物摄取量和体重之间的正向关系的强度。

当两个或者更多的自变量在参考框架模型中被排除在估计回归之外时，偏斜系数估计量中的偏误方向就更加难以预测了。请注意，一个样本在一个估计量中的偏误是对被排除的变量的偏斜系数的加权总和。其中，加权的正负依赖于样本中被排除的和包含在内的变量的关系的性质。因此,预测偏误方向的第一步就是预测方程 5.8 中 $r-g$ 个斜率系数 β_j 和加权值 b_{ji} 乘积的总和。只有在非常特殊的情况下,所有的 $r-g$ 个乘积的总和才可能被预测为正的,或者所有的都被预测为负的,才能使研究人员对偏误的方向作出明确的预测。相反,如果其中一些结果被认为是正的,而另一些被预测为负的,除非有人能够超越对结果的符号的预测而直接预测精确的结果,否则在总和上符号为正的结果是否会"抵消"符号为负的取值而产生接近于 0 的偏误是不清楚的,或者正的(或者负的)结果是否会主导总和产生一个较大的正的(或者负的)偏误也是不确定的。

作为一个对偏误的级别和符号的"不可预知性"的解释,当超过一个回归因子被排除的时候,我们可以比较方程 3.1 中两组变量被排除的偏误,其中一组是同时删掉 FAT 和 METABOLISM,另一组只去掉了 METABOLISM。表 5.2 提供了这种比较。当我们排除 FAT 和 METABOLISM 时,对于 AGE 的系数估计量的偏误更加显著。但对于所有系数而言,并不一定会出现这样的情况。比如,HEIGHT 的估计量的偏误就比较少,偏误的变化也没有明显的形式。EXER-CISE 的系数估计量在大小上倾向于被高估,但现在却被低估了,SMOKER 的估计量实际上是被低估了,而现在显然是被高估了。

关于设定误差的讨论提供了一种研究策略,其中,对这种误差的含义的评估成为回归分析的整体的一部分。第一步是对理论的发展,并把它用回归方程进行"翻译"。如果分析人员相信这种方程满足高斯-马尔科夫假设,它就可以被设想为是对估计模型的参考框架进行评估。如果研究人员非常幸运,就能够在样本中观测到参考框架模型中的所有变量,而且参考方程也足够"短小",在给定的样本规模下,就可以避免严重的多重共线性,进而模型估计量可以继续不受设定误差的影响。但是,在更加典型的例子里,由于参考方程中一些变量的数据是不能使用的,因此模型就会"太长",估计量就会出现排除误差。对于必须要出现设定误差的这种希望所表现出来的诱人的反应是,当同步构建理论和与之完美契合的回归模型时,通过考虑数据的可用性以及多重共线性可能出现的情况来跳过构理理论的阶段,或者至少在估计阶段"把它混到方程中"。但是,如果理论构建和对估计模型的规范这两个过程合二为一,评价被排除的变量的影响的可能性就会因为估计问题被平白无故地牺牲掉而变得必要。

　　恰当的研究策略在以下几种情况中被考虑到,其中估计回归排除了参考框架方程中的自变量:(1)当一个或多个特定的自变量在估计样本中不能被观测到时;(2)当所有自变量本来能被观测到,但是限于时间和资源而不能收集所有变量的数据时;(3)当估计完全参考框架模型会导致严重的多重共线性时。

　　当样本中特定的变量无法被观测到,从而导致不得不去掉某些变量时,如果来自其他样本的理论或者经验证据让我们有信心认为,被去掉的每个变量与包含在内的变量有最微弱的联系,那么我们可以自信地说,这种排除不会使包括在内的变量的系数估计量产生实质上的误差。如果被包括在内的和被排除的自变量有很大的相关性,系数估计量可能会出现严重的偏误。唯一的问题是,我们是否可以或多或少地来判断偏误的方向？我们从上文中看到，如果只有一两个变量被排除，可能会导致关于偏误符号的合理推断。但是如果有很多变量都是不可被观测的，可以确定偏误方向的可能性就非常大。

如果这一问题缺乏资源呢？每个在参考方程中的数据都潜在地能够被测量，但是收集所有自变量的数据又是不切实际的。这里，对设定误差后果的认识提供了一个合理的标准去决定可以去掉哪个自变量。通常，当一位研究者被问及回归分析的研究目标时，他或她会说，是为了发展一个对因变量的、完整的或者无所不包的解释。照字面来看，这种目标近似于寻找"真实的模型"。对所有的经验研究来说，客观的情况是，这个目标是无法达到的。但是通常而言，当为了达到研究目的不得不需要更多的特性时，分析人员会说他们的研究关注的是某一个自变量，或者相关的一小撮自变量。因此，尽管参考框架模型可能包含无数的自变量，研究者主要还是对小范围内的、我们称之为核心变量的子集感兴趣。如果研究者能够获得无偏的、精确的核心变量的系数估计量，他或者她会感到很满意。这表明，如果时间和经费约束会限制包括在回归中的变量的数量，那么研究目标必须包括核心变量，再加上那些从参考框架模型中得来的自变量的子集。这样就能尽最大的努力，在数据收集有约束的情况下，去获得对于核心变量而言"好的"斜率估计量。这一点暗示了，包含在估计回归中的最重要的变量是那些在样本中与核心变量联系最紧密的变量。可以最安全地排除的变量是那些与每个核心变量仅有微弱关系的变量。当然，我们无法知道样本中这些变量相关性的取值，但是关于这些变量在其他样本中的关系的信息或者理论（或者两者兼有）很有可能在选择合理地去掉哪些变量的时候起到基础性的作用。

最后一个可能性是，如果估计样本中几乎没有足够的样本，而在参考模型中有很多充足的自变量，或者自变量之间有足够多的相关关系，那么参考方程会出现严重的多重共线性。因为多重共线性是一个由于样本中信息不充分而产生的问题，所以唯一一个完全令人满意的解决方法是利用更多的数据。增加样本规模总是能够提高系数估计量的精度，只要附加的样本的自变量取值与样本中变量取值的均值不相同，而且这些样本不会在自变量之间增加相关性（Kmenta，1986：439—440）。

由于数据可用性的限制，如果有人有足够的自信来假设参考模型中某些参数的取值（基于理论或者从其他研究中得到的经验证据），那么比起用数据来得出所有的参数，这些"知识"可以被用来得到更加有效的系数估计值。[25]如果已有的知识不能够被利用，严重的共线性会导致接受一些偏误去取得估计量的精确性成为一个吸引人的交换。然而，当多重共线性（并非没有能力观察变量）成为排除某些变量的理由时，我们则不必推断是否存在设定误差而可以通过引入敏感性分析来直接展开对排除变量后结果的分析。这种分析方法包括：（1）估计"完整的"参考模型的系数（该模型会得到无偏误的估计量以及比较大的标准误）以及各种被不精确地描述的"子模型"，其中每个子模型都包括核心变量，但是排除了各种不同的自变量的集合（因此会产生有偏误的估计量以及比较小的标准误）；（2）评估各种估计方法之间主变量的系数估计值的稳定性。举个例子，假设有理论估计 β_1 是正的,并且不管是在"完整"的参考模型中,还是在各种错误描述的子模型中,对于 β_1 的点估计一贯为正,其取值范围从最小的 b_1^L 直到最大的 b_1^H,另外,由于 X_1 增加一个单位而导致 b_1^L 在因变量上的增加可以被认为有强烈的影响。在这些条件下,即使是基于完整模型估计得来的 β_1 的置信区间都会包含 0,看上去拒绝 $\beta_1 = 0$ 的零假设而支持研究假设 $\beta_1 > 0$ 是恰当的。相反,如果各种不同的子模型得出的 β_1 估计量的取值范围非常广,那么几乎不可能的结论是,假定数据都是可用的,我们却几乎无法获得理论中主变量对于个人的影响的精确估计量。

为了总结这一部分,我应该注意到,所有关于设定误差的讨论都与一个假设紧密相连,即存在一个明确的参考模型,那么估计模型就可以与参考模型进行比较,从而分析在经验研究中"错误的"模型。如果研究者有两个或者多个竞争性理论来解释一种现象,同时这一经验研究的目的在于判断哪种理论是真实的,那么我所提出的分析设定误差的效果的方法就毫无用处了。一种替代性的策略是估计一个"嵌套的"模型。例如,有两个竞争模型,Ⅰ和Ⅱ,来解释因变量 Y,模型为:

$$Y_j = \delta_0 + \delta_1 X_{1j} + \delta_2 X_{2j} + \varepsilon_{1j} \qquad (\text{模型 Ⅰ})$$

以及

$$Y_j = \mu_0 + \mu_3 X_{3j} + \mu_4 X_{4j} + \varepsilon_{2j} \qquad (\text{模型 Ⅱ})$$

有人会从模型Ⅰ和模型Ⅱ的自变量中得到估计嵌套模型的系数:

$$Y_j = \beta_0 + \beta_1 X_{1j} + \beta_2 X_{2j} + \beta_3 X_{3j} + \beta_4 X_{4j} + \varepsilon_j \quad [5.10]$$

那么,如果对 β_1 和 β_2 的估计量在统计上是显著的,但 β_3 和 β_4 的估计量不显著,一个合理的推断是模型 I 是合理的。同样,如果 b_3 和 b_4 显著,但 b_1 和 b_2 不显著,模型 II 就被假设为正确。在这种方法中,一个潜在的缺陷是,四个 X 在本质上具有多重共线性。因为这种多重共线性很有可能导致方程 5.10 中所有的偏斜系数的估计量都不显著,即使其中有一个模型是正确的。[26]

第 5 节 | 误差项的均值为零的假设

在标准回归模型假设中，干扰项的均值为 0。准确地说，在以下方程中进行假设：

$$Y_j = \beta_0 + \beta_1 X_{1j} + \beta_2 X_{2j} + \cdots + \beta_k X_{kj}$$
$$+ \varepsilon_j, \ E(\varepsilon_j \mid X_{1j}, X_{2j}, \cdots, X_{kj}) = 0$$

如果这个假设被违背，那么 $E(\varepsilon_j \mid X_{1j}, X_{2j}, \cdots, X_{kj}) = \mu_j$，其中干扰项不恒等于 0。那么，这就不是以下这种情况：

$$E(Y_j \mid X_{1j}, X_{2j}, \cdots, X_{kj}) = \alpha + \beta_1 X_{1j} + X_{2j} + \cdots + \beta_k X_{kj}$$
$$[5.11]$$

而是，

$$E(Y_j \mid X_{ij}, X_{2j}, \cdots, X_{kj}) = \alpha + \beta_1 X_{1j} + X_{2j} + \cdots + \beta_k X_{kj} + \mu_j$$
$$[5.12]$$

其中有两种可能性，μ_j 对观测值而言是恒定的，或者 μ_j 是变动的。后者会产生更严重的后果。

首先，考虑当 μ_j 为常数时，那么对所有观测值都可得到 $\mu_j = \mu$。这可以表示为，只要高斯-马尔科夫假设（除了本假设之外）能够被满足，偏斜系数的最小二乘估计也是无偏的。然而，OLS 截距估计量有 μ 个单位的偏误。为了确定 OLS

的截距估计量是否真的有偏,我们可以先让方程 5.12 中的 μ_j 取常数 μ 的取值,重新整理原式可得:

$$E(Y_j \mid X_{ij},\ X_{2j},\ \cdots,\ X_{kj}) = (\alpha + \mu) + \beta_1 X_{1j} + X_{2j} + \cdots + \beta_k X_{kj}$$

很明显,如果用 OLS 回归分析法,那么从以上方程中可以看到,截距的估计量为 $\alpha + \mu$,而不是 α。也就是说,我们得到的估计量为 α,同时有 μ 个单位的偏误。

　　对于因变量中的测量误差,我们可以理解为,每一个观测值的取值全都统一"扣除"了一个固定的数字,这样就制造出了一个不为 0 但其均值恒定的误差项。例如,假设样本中女性的体重已经按同一个"医生"的标准,在测量的时候全都少测了 5 磅。在这种情况下,估计方程就不再是方程 3.1 了,而是以下方程:

$$(\mathrm{WEIGHT}_j - 5) = \alpha + \beta_C\ \mathrm{CALORIES}_j + \beta_F\ \mathrm{FAT}_j$$
$$+ \beta_E\ \mathrm{EXERCISE}_j + \cdots + \varepsilon_{Wj}$$

在方程两边都加上 5,就可以得出等价的方程:

$$\mathrm{WEIGHT}_j = \alpha + \beta_C\ \mathrm{CALORIES}_j + \beta_F\ \mathrm{FAT}_j$$
$$+ \beta_E\ \mathrm{EXERCISE}_j + \cdots + (5 + \varepsilon_{Wj})$$

其中,有一个均值为 5 的误差项。

　　那么当误差项的均值为 μ_j,μ_j 随着观测值的变化而发生变化时,又会怎样呢?在标准回归模型中,满足所有高斯-马尔科夫假设,因变量的期望值完全被参数(α,β_1,β_2,$\cdots$)以及(如方程 5.11 的)自变量取值决定。但是,当干扰项的均值随着样本的变化而变化时,Y 的期望值由回归参数 X 的取值和 μ(如方程 5.12)决定。实际上,μ 变成了一个被排除在回归方程之外的相关变量,从而导致了偏斜系数估计量的偏误。

总体而言,由排除法引起的设定误差会导致误差项的取值随着观测值的变化而不同。具体来说,当至少一个被排除的变量与至少一个包含在内的自变量相关时,这种情况才会发生。相反,当所有被排除的变量与每个包含在内的变量都不相关时,误差项的均值恒定且不为 0。[27]

当存在截断样本时,回归方程的干扰项也会出现不恒定的均值。也就是说,当回归分析被限制在某些有观测取值的样本中时,均值或高于某些固定值,或低于某些固定值。假设我们只考虑样本中那些体重不超过 150 磅的女性,为了简单起见,我们考察一个二元模型,总体而言,女性的体重由她的身高以及误差项决定[28]:

$$\text{WEIGHT}_j = \alpha + \beta \, \text{HEIGHT}_j + \varepsilon_j \qquad [5.13]$$

假设该方程满足高斯-马尔科夫假设。图 5.2 中的实线表示总体回归方程,黑点和叉号(共同)表示来源于女性的总体随机样本。其中黑点表示体重小于 150 磅的观测值,而叉号表示体重大于 150 磅的观测值。

对于体重小于 150 磅的女性,误差项的期望值与自变量 HEIGHT 负相关。为了解释其中的原因,首先须考虑,对于 WEIGHT 的期望值而言,HEIGHT 取值为 150,在图 5.2 中,这些值被标记为 H^*。而在限定总体中,当 HEIGHT $= H^*$ 时,误差项 ε 必须为负或为 0。如果 ε 为正,那么 WEIGHT 大于 150 磅。因此,在 H^* 点,$E(\varepsilon_j \mid \text{HEIGHT}_j)$ 应该为负。其次,考虑到 HEIGHT 的一个取值 H' 只是略微小于 H^*。因此取值为 H',在限定女性群体中,ε 必须为负或为 0,或是

很小的正数,这样才能使 $E(\varepsilon_j|HEIGHT_j)$ 在 H^* 上没有那么负向。确实,在身高的取值没有达到 H^* 的时候,ε 的最大正值等于图 5.2 中回归直线与水平线(WEIGHT = 150)之间的纵向距离。因为当 HEIGHT 减小时,ε 的最大取值也随之增大,而 $E(\varepsilon_j|HEIGHT_j)$ 仍为负数,但是由于 HEIGHT 的减小,HEIGHT 的期望值开始接近于 0。因此,在那些体重小于 150 磅的女性中,$E(\varepsilon_j|HEIGHT_j)$ 与自变量 $HEIGHT_j$ 呈负向相关,且对 OLS 的估计量有 β 个单位偏误。从图 5.2 中我们能清楚地看出,基于限定样本的估计回归直线会低估真实的斜率,因为最符合那些黑点(而不是叉号)的直线——在图中用虚线表示——比总体直线更加平坦。

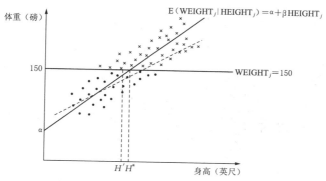

图 5.2 "误差项的期望值为 0"这一假设的反例

在体重样本中对斜率系数的低估是一种典型情况。在大多数实际应用中,如果在总体模型 $Y_j = \alpha + \beta X_j + \varepsilon_j$ 中用一些有限制的样本进行估计,这些样本里的观测值或来自总体中的样本 Y_j 大于某个特定常数,或来自总体中的观测值 Y_j 小于某个特定常数,斜率系数估计量会趋向于 0,从而产生偏误,即 $|E(b)| < |\beta|$。[29] 通过这样的形式来限制样本从而

得到的估计量可以被认为是选择性偏误。选择性偏误的发生来源于总体的样本过少或过分地反映了一种或多种样本。在方程 5.13 的例子中,体重轻的人被过分看重了。还有一种类似选择性偏误的情况是描述教育对年收入的影响的二元变量回归分析。我们使用最常见的数据资源,利用类似限定样本的数据(即那些被雇用的人)来进行估计。由于我们排除了所有失业者,即那些没有收入的人,因此斜率系数的估计量会倾向于低估教育和收入在总体人口中的关系的强度。

当然,也有可能出现其他形式的选择性偏误。在前文的例子中我们可以看出,观测值被包含在估计样本中的可能性是由观测值在因变量上的取值决定的。另外,一个观测值被包括在样本中的可能性是由其他变量决定的。总体而言,当出现了选择性偏误时,斜率系数估计量就会出现偏误,除非认定加入一个案例的变量在样本中与其他每个自变量都不相关。例如,我们假定方程 3.1(体重模型)的样本是通过在居民区的电线杆上张贴广告而招募来的志愿者。由于招募广告是按照街道号码来贴的,因此那些住在街道号码为奇数的街区的女性,比住在街道号码为偶数的街区的女性更容易看到招募广告。在这种情况下,一位女性被招募进入样本的可能性就是她家的地址是奇数还是偶数这一变量的方程。但是,我们有理由假设一个人的街道号码是奇数还是偶数与方程 3.1 中每个自变量没有关系。因此,选择性偏误可能不会在斜率系数估计量中产生偏误。相反,如果估计量的样本是自己选择的,年纪大的女性(或者有更多空闲时间的女性)可能比年轻女性更有可能成为志愿者而参与研究,这时斜率系数估计量就会出现偏误。

第 6 节 | 对于测量层次的假设

假设 A1 要求回归中的自变量必须量化或者二分,而且因变量是量化、连续和无限的。[30] 在回归模型中,观测值在因变量上的取值被假设与自变量、参数(即 α 和 β_i)以及误差项有关的方程。那么因变量必须可以取到任何由这一方程得出的数值型的取值。这就是为什么要求假设因变量是连续且无限的原因。[31] 严格来说,实际运用中没有变量是完全连续的,即使是一个物体的"长度",只有当它可以被精确地测量时,才能被认为是连续的。否则,当它无法被严格精确地观测时(例如使用 1/10 英尺)[32],我们只能认为它是近似连续的。尽管没有严格的指导手册规定假设中的变量必须有多连续才能被视为达到"近似"的状态,一些变量——比如用美元来衡量的个人的净价值——显然是接近连续的。

对于这些不同种类的离散变量(即不连续的变量),其中只有少数适用于回归模型,而其他的则不适合。图 5.3 总结了不同的类型。离散变量可以是二分的或定性的[33],也就是说,有三个或更多无序的取值(例如,种族属性可以被归为五个种类:亚洲裔、非洲裔美国人、西班牙人、高加索人或者其他),或者有三个或更多有序的取值(例如,家庭中孩子的数量或者参加小型竞选的候选人的数量)。[34] 在有序的离散变量中,我们须把量化变量与非量化的变量区分开。

图 5.3　离散变量的各种形式

　　为了让次序离散变量作为因变量时能够更加适应模型,次序离散变量必须被量化。但是,我们并不能确定次序离散变量是否总是能用数字来表示。当然,即使用有次序的整数来标注这类变量,也不一定能够使它量化。例如,当次序离散变量有三种取值(低、中、高)时,有人用 1、2 和 3 来进行标注。但是只有当"低"和"中"的距离与"中"和"高"的距离相等时(其中"距离"指的是变量所代表的这一属性在数量上可被测得的差异),变量才能够量化。例如,如果宗教容忍度是这种属性,只有当高容忍度和中等容忍度的差异与中等和低容忍度之间的差异相同时,才能说变量是能够被量化的。

　　在特定的情况下,我们把次序离散变量当做连续变量也是可行的,这样更有利于我们把它当做因变量放在回归模型中展开分析。具体来说,当一个连续的次序离散变量有一个广泛的取值(比如一个组织中雇员的数量)时,把这个变量当做连续变量可能是合理的。相反,把任何只有少数几种取值(比如五个或者少于五个)的次序离散变量作为连续变量则是不恰当的。在这两种极端情况之间的选择就不那么明显,但是,作为一种总体的指导,量化的次序离散变量能取到的值越多,假设它是近似连续性也就越合理,把它当做回归方程中的因变量也就越合理。

作为离散回归量,定性的(即无序离散的)变量和非量化的次序离散变量无法被恰当地运用在回归模型中。尽管如此,通过运用两个或者多个二分变量,可以将这种类型的变量与因变量的影响合并,而这些二分变量可以用来表示样本是否符合特定的取值(对于如何正确构造二分回归量,参见前文;同见 Gujarati,1988:第 14 章;Johnson et al.,1987:182—192;Schroeder,Sjoquist & Stephan,1986:56—58)。[35]

对于回归模型,我们应该详细地考察二分因变量的结果。考虑到标准回归模型(方程 2.2),其中 Y 只能取 0 和 1。重新构造方程,使它能够把左边的误差项分离出来,我们能得到:

$$\varepsilon_j = Y_j - (\alpha + \sum_{i=1}^{k} \beta_i X_{ij})$$

当把 ε_j 移到左边以后,我们可以看到,如果 Y 只能取 0 和 1,那么对于 X 的每个值,ε_j 也可以只取两个值:$1 - (\alpha + \sum_{i=1}^{k} \beta_i X_{ij})$ 和 $-(\alpha + \sum_{i=1}^{k} \beta_i X_{ij})$。也就是说,有了二分变量 Y,就会违背正态分布的误差项假设。误差项的变化也可以表示为如下形式:

$$VAR(\varepsilon \mid X_{1j},\ X_{2j},\ \cdots,\ X_{kj}) = \mathrm{E}(Y_j \mid X_{1j},\ X_{2j},\ \cdots,\ X_{kj}) \cdot$$

$$[1 - \mathrm{E}(Y_j \mid X_{1j},\ X_{2j},\ \cdots,\ X_{kj})] = (\alpha + \sum_{i=1}^{k} \beta_i X_{ij}) \cdot$$

$$[1 - (\alpha + \sum_{i=1}^{k} \beta_i X_{ij})]$$

这一方程澄清了误差项的变化会随着自变量的取值而系统地

变化,这样也违反同方差假设(Aldrich & Nelson, 1984:13)。

但是当因变量是二分变量的时候,最严重的问题是系数可能出现"无意义"的解释。在因变量为 0 到 1 取值的例子中,Y 的期望值必须相等(1 乘以 Y 等于 1 的概率加上 0 乘以 Y 等于 0 的概率),或者用以下方程来表示:

$$E(Y_j \mid X_{1j}, X_{2j}, \cdots, X_{kj}) = [1 \cdot P(Y_j = 1 \mid X_{1j}, X_{2j}, \cdots, X_{kj})] + [0 \cdot P(Y_j = 0 \mid X_{1j}, X_{2j}, \cdots, X_{kj})] \qquad [5.14]$$

因为方程中最右边的一项总是为 0,方程 5.14 可以化简为:

$$E(Y_j \mid X_{1j}, X_{2j}, \cdots, X_{kj}) = [1 \cdot P(Y_j = 1 \mid X_{1j}, X_{2j}, \cdots, X_{kj})]$$

这说明,当因变量只能取 0 或者 1 时,Y_j 的期望值可以被解释为 Y_j 等于 1 的概率。[36] 但是对于 $E(Y_j \mid X_{1j}, X_{2j}, \cdots, X_{kj}) = \alpha + \sum_{i=1}^{k} \beta_i X_{ij}$,并没有严格限制 Y_j 取值范围在 0 到 1 之间。因此,Y_j 等于 1 的概率可能会取无意义的取值,比如小于 0 或者大于 1 的取值。

此外,在大多数因变量为二分变量的例子中,回归的线性假设并不可靠。图 5.4(a)中的二元变量模型也反映了线性假设以及因变量的期望值可以无限取值的特性。在这个例子中,回归模型的线性假设说明,即使当 $P(Y_j = 1 \mid X_j)$ 是 0.01 或者 0.99,自变量在概率上的影响也能通过斜率系数精确地反映出来。但是在绝大多数情况下,假设自变量的影响整体上减弱,正如 Y 等于 1 的概率接近于 0.00 或者 1.00 会更合理。在这些情况下,logit 或者普罗比模型更加适合用来反映非线性的解释(参见 Aldrich & Nelson, 1984)。[37] 后一种解释在图 5.4(b)中的二元变量例子中反映出来,利用 logit 模型得出的结果与该图在形状上非常相近。

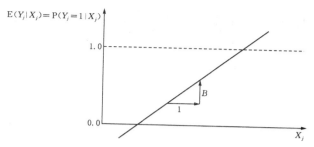

（a）对单个自变量 X 的线性模型

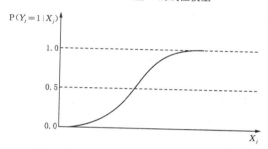

（b）对单个自变量 X 的（非线性）普罗比模型

图 5.4　因变量为二分变量时的二元模型

第 7 节 | 无测量误差的假设

为了理解无误差测量回归假设的实质含义,我们有必要确定一个正式的测量模型。绝大部分的测量误差的形式可以用真实值(或者概念)T 来构造;T 可以用指数(或者观测值)I 来测量;而 j 指的是观测对象的取值;f 指的是方程;v 既指的是真实值也指误差项:

$$I_j = f(T_j, v_j) \qquad [5.15]$$

尽管我们都很希望能实现无误差测量,但是这需要我们把想要测量的概念在理论上弄清楚。例如,测量一个变量的真实取值是有可能的,比如说,"在最近的总统选举中,成年人参与州选举的比例"并没有可预见的错误。但是考察概念"生活的满意度",则需要在调查中通过建构指标来测量。实际上,我们很难准确地测量这一变量的真实值,因为没有明确的规则来决定每个受访者认为能够反映"满意度"的项目,且这些项目能够组合成这一变量的精确的指标。

区分几种类型的测量误差是绝对必要的,其中每种类型都可能在实质上不同的情况下出现。第一种关键的区别在于随机和非随机误差。

随机测量误差

出现随机测量误差的关键是,误差项与真实值不相关(即 $COV[T_j, v_j] = 0$)。[38] "传递"数据中出现的误差最有可能出现随机误差,比如,在从文件的编码页中重新编码,或者从电脑文件夹的编码页中输入数据时出现错误。当调查采取封闭式的问题从受访者那里获得数据时,受访者任何单纯的猜测都会导致随机误差。同时,访问者的厌烦也会导致这样的误差。同样,模棱两可的问题可能会导致更大的随机误差。然而,也不能认为回应调查时出现的所有误差都是随机的,因为在回答中可能出现系统偏误(例如,那些不能投票表示他们受到社会压力的个人,以及人们在接受调查时,出现了抬高收入或者虚报年龄的趋势),这些都可能导致非随机误差的产生。

当受到因变量的限制时,随机测量误差(RME)对回归分析来说,麻烦是最小的。在这种情况下,总体估计量仍会保持无偏[39],但是这些估计量的作用就不那么有效了,同时 R^2 的取值也会变小(Berry & Feldman, 1985:28; Johnson et al., 1987:327—329)。当回归模型中的自变量出现 RME 时,参数估计量是有偏的,其偏误的程度的估计量是用测量误差的等级以及与自变量的关系的方程来确定的(Berry & Feldman, 1985:327—329)。只有在二元模型中,我们才比较容易判断源于一个自变量的 RME 的偏误的方向,其中单一斜率系数估计量的期望值总是比真实总体的取值小一些(即 $|E(b)| < |\beta|$)。[40]

非随机测量误差

任何不以单纯的随机形式出现的测量误差都被称为"非随机性"。与 RME 的情况不同的是，非随机测量误差（NRME）总是会在 OLS 估计量中造成偏误。但是这类偏误的特性以及它到底有多大的害处，还要根据误差的形式来判断。在非随机误差的种类中，Namboodiri 等人广泛地区分了作为被测量的变量的方程的误差以及由于"外生"变量导致的误差。即使是那些作为被测量的变量方程的误差，也包含很多不同的种类（Namboodiri et al., 1975:575）。在某些情况下，下列误差可以是线性的：

（1）截距误差：$I_j = T_j + \delta$，其中 δ 为常数，所以对于所有的观测值，指标值比真实值高估或者低估一个绝对的常数值。

（2）尺度误差：$I_j = \mu T_j$，其中 μ 为常数，所以指标值比真实值高估或者低估一个常数百分比。

（3）既有尺度误差也有截距误差：$I_j = \mu T_j + \delta$，其中 μ 和 δ 是常数。

但是当误差作为被测量变量的方程时（这种情况更加普遍），指标值可能与真实值有非线性的关系并有一系列不同的方程形式。

只有当研究者对回归方程中的截距（α）有极大的兴趣时，才需要关注截距测量误差的持续性。因为偏斜系数估计量和 R^2 值完全不会受到这种误差的影响。而且，如果一个截距误差的大小（即在定义模型中 δ 的取值）是已知的，OLS 截

距估计量就可以通过测量误差造成的偏误来纠正。假设在
估计方程(方程 2.2)中,用于估计的数据在自变量 X_1 中被系
统偏误高估了 δ 个单位。那么,尽管我们相信方程 2.2 是被
估计的,但实际上是以下方程被估计了:

$$Y_j = \alpha + \beta_1(X_{1j} + \delta) + \beta_2 X_{2j} + \cdots + \beta_k X_{kj} + \varepsilon_j$$

我们把包含 X_1 的项乘出来,可得:

$$Y_j = \alpha + \beta_1 X_{1j} + \beta_1 \delta + \beta_2 X_{2j} + \cdots + \beta_k X_{kj} + \varepsilon_j$$

重新调整各项可得:

$$Y_j = (\alpha + \delta\beta_1) + \beta_1 X_{1j} + \beta_2 X_{2j} + \cdots + \beta_k X_{kj} + \varepsilon_j$$

所以,要纠正本例中原始的截距估计量受到 NRME 的影响,
我们可以简单地加上估计量 δ 乘以偏斜系数估计量 β_1 得出
的结果。当因变量受到截距误差影响时,也可以用类似的方
法得到正确的系数。如果 Y(在方程 2.2 中)的指标值全部大
于真实值 δ 个单位,截距估计量可以通过减去 δ 来纠正测量
误差。

我们也可以确定,如果误差的大小已知,要更正尺度误
差偏误所需的步骤。如果用因变量 Y 代替真实值,那么如果
我们测量的是 μY(其中 μ 为常数),截距估计量和所有的偏
斜系数估计量都会被夸大 μ 倍,那么就需要通过把所有的估
计量除以 μ 来纠正。例如,如果我们通过调查了解到,在已
知的总体中的女性把她们的体重比真实值报低了 10%,那么
所有的参数估计量都有向下的偏误,正确的取值需要将原始
的取值除以 0.90 得到。[41] 相反,如果要得到一个自变量 X_i
的真实值,而实际的记录量为 μX_i,只有 OLS 的估计量 β_i 有

偏误,那么偏误可以通过将估计量乘以 μ 来纠正。

　　非线性误差(指作为被观测的变量方程的误差)的范围是没有界限的,因为任何不是截距或者尺度误差(或者两者结合的误差)的误差类型都是非线性的。例如,如果所有受调查者报低她们的体重,但是所报低的体重数(以百分比来计算)随着真实体重的增加而增加,那么体重较重的女性倾向于更大程度的"撒谎",从而导致的 NRME 可能是非线性的。只有当以方程形式出现的非线性误差是显著的时候,才有可能把参数估计量更正过来。例如,如果报低的体重值符合方程 $\mathrm{WEIGHT}'_j = \mathrm{WEIGHT}_j - \mu\mathrm{WEIGHT}^2_j$,其中 WEIGHT' 指的是相对真实值 WEIGHT 而言,有误差的指标值,在这种情况下参数估计量的偏误就可以被更正。当然,如果要用最少的努力解决这类问题,就需要在进行回归分析之前就调整好体重指标值的取值,这样就能够在回归估计中使用没有误差的因变量。

　　我们需要特别关注的是两种由被测量变量组成的关于非线性误差的特殊形式。一种可以被称为"趋于温和的误差"。受调查者在调查中回应某些问题并在某些社会压力的影响下表现出"温和"的一面时,会出现这种误差。Namboodiri 等人(1975:578)推测,当在调查中要测量"自由主义—保守主义"这类意识形态时,这两个方向的极端主义者会表现出比他们真实的观点更温和的态度。这种温和的表态所导致的 NRME 会出现类似于图 5.5(a)中的形式。如果图中的 T_j 表示"自由主义的意识形态",那么该图表明,意识形态的观测值反映了无误差的"温和的"真实值。但是指标值对"极端自由主义者"向下偏斜,对"极端保守主义者"向上偏斜。同样,如果体育锻炼变量在我们的体重案例中可以通过自我报告提供的指标值来测量,其中"宅女"会倾向于说自己会参加一些锻炼。然而"体育爱好者"倾向于报告适中的运动量,图 5.5(a)可能也能准确地描绘在真实值中的测量误差 EXERCISE。

对于作为被测量变量方程的 NRME,其另一种普遍的形式是由于分类导致的误差。[42]这种情况通常出现在连续变量被一系列有序类别的物体测量的时候。当一位分析人员使用已经被归类的二手数据时,这种误差是无法避免的。但是一些研究人员相信,分类能够在一定程度上减小误差,因此当他们认为这些变量的测量值都有误差的时候,他们在展开研究的时候会把连续变量分类。但是分类并不能一劳永逸地解决随机测量误差的问题,实际上也无法解决非随机误差的麻烦。总体而言,对于任何已经存在的测量误差而言,这一过程只是增加了 NRME 的一种新的形式。例如,假设 WEIGHT 是一个对真实体重的测量值,但是我们把它以 10 磅为间隔进行分类,及 100—110,110—120,…,190—200,并把样本中所有的女性归到这些类别的中点上(即分别归为 105,115,…,195),同时将所有体重小于 100 磅的人记为 95 分,所有体重超过 200 磅的人记为 205 分。这种分类产生的测量误差反映在图 5.5(b)中,其中真实值和测量误差的大小之间的关系是一系列无连接的斜率为负的片断。那些体重恰好为 95 磅、105 磅或者 205 磅的人,分类以后所得的观测值并不会产生误差,但是所有其他样本的测量值在分类以后都会有误差,对于体重在 90 磅到 210 磅之间的人,测量误差的范围总是小于 5 磅,但是对于非常瘦或者非常胖的人来说,体重的取值会反映出更大的误差。

（a）趋向温和的误差

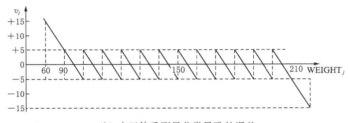

（b）由于体重测量分类导致的误差

注：a. 这一图形描绘了在测量模型中 T_j 和 v_j 的关系，$I_j = T_j + v_j$，其中 I 是
真实值 T 的指标。如果不存在测量误差（那么对所有的 j，$v_j = 0$），
描绘这种关系的曲线就会是那条水平线本身。

b. 这一图形描绘了测量模型中 $WEIGHT_j$ 和 v_j 的关系，即 $WEIGHT'_j = WEIGHT_j + v_j$，其中 $WEIGHT'$ 是 $WEIGHT$ 的指标。

图 5.5 非线性的 NRME 作为被测量变量的方程模型的两种形式

这种扭曲来源于由分类导致的测量误差，当类别数量减
少时，这种扭曲会变得更加严重。尽管上文提到的 12 级体
重类别（绝大部分是以 10 磅为间隔）可能能够相对减少系数
误差导致的偏误，但实际上将体重取值分成两部分会造成更
加严重的扭曲。在极端的例子中，由分类导致的测量偏误实
际上可以改变参数估计量的期望值，使它从正数变为负数
（或者相反），因此导致结论出现严重的实质性错误。举一个

例子,如果我们在我们假设的总体中,用二分测量法测量体重,即 1("胖的")或者 0("瘦的"),并以 150 磅作为这两个类别之间的一个人为设定的界限。

表 5.3 中第一列表示的是方程 3.1 中的参数估计量的期望值。第二列表示的是这些参数估计量的期望值与真实的参数相比较的结果(即当 WEIGHT 被测量且没有误差时期望的参数值)。"有误差的"参数估计量的期望值与"没有误差的"估计量的期望值在两个自变量上正负号不同,即 EXERCISE 以及乘积 SMOKER · EXERCISE——吸烟和锻炼对体重的影响的实质性解释。正如第 3 章中提到的,真实的参数表明,在不吸烟者中,从体育锻炼中消耗的能量每增加 100 卡路里/天,预计会导致 11.8 磅体重的减少(当所有其

表 5.3　基于分类范畴的测量误差的示例:体重变量[a]的"对分"产生的影响

自变量	参数	(1) 使用 NRME 对参数的期望值进行估计[b]	(2) 总体取值 (无测量误差)[c]
截距	α	-1.19	38.10
CALORIES	β_C	0.00059	0.0291
FAT	β_F	-0.032	-3.098
EXERCISE	β_E	0.0013	-0.1183
HEIGHT	β_H	0.0102	1.346
AGE	β_A	-0.0038	-0.285
SMOKER	β_S	0.167	3.01
FAT^2	β_{FF}	0.00105	0.084
SMOKER · EXERCISE	β_{SE}	-0.0024	0.1097
METABOLISM	β_M	-0.289	-1.795

注:a. WEIGHT 的测量为 0 = "瘦的"(< 150 磅),1 = "胖的"(> 150 磅)。

　b. 使用 OLS 回归对所有 134 个女性样本的体重进行回归,其中体重采用二分法标记。

　c. 如正文所述。

他的自变量都保持不变时)。然而在吸烟者当中,同样由于运动导致的能量消耗的增加,平均而言,只能造成 0.86 磅体重的减少。用二元(有偏误的)因变量进行分析,在不吸烟者中,保持其他所有自变量不变,每天增加 100 卡路里的消耗量,会增大 0.13 的变"胖"概率。但是在吸烟者中,增加同样强度的运动量只会导致提高 0.11 的变"胖"可能性。[43]

　　关于外生变量方程的 NRME 也可以通过方程 5.15 规范化。在这里,v 不是 T 的方程,但它是其他变量的方程。在一些情况下,这种 NRME 的形式可以很容易被预测其结果。例如,因变量(Y)的指标值(Y')的误差在回归模型中与其中一个自变量(X_i)相关,那么可以得到 $Y'_j = Y'_j + \mu X_{ij}$ 来代替方程 2.2 对 Y' 的表达,再加上一个经过处理的项。这表示:(1)对于所有参数,除了 β_i 以外的估计量完全不受测量误差的影响;(2)β_i 的有偏估计量可以通过减掉常数 μ 来更正。我们的例子中可能会出现这种形式的 NRME,其中 Y 表明 WEIGHT,X_i 代表 EXERCISE,并且 $\mu < 0$。如果体重是受调查者自己报告的,而且对"超重"这个问题,那些经常锻炼的女性比那些不经常锻炼的女性更加"敏感",那么报低体重的幅度可能与体育锻炼量有直接关系。

　　但是对这种由外生变量构成的,有更加复杂的形式的模型,会导致结果更加难以预测。例如,受调查者的报告全部低于真实体重,那么,那些同等身高下比较胖的人更倾向于撒谎,测量误差的幅度就被假设为 $v_j = [(1.2)(\text{WEIGHT}_j/\text{HEIGHT}_j)]^2$。在这种情况下,因变量中的测量误差是关于被测量变量以及其中一个自变量的非线性的方程。表 5.4 中的列(1)显示了当因变量被有误差的指标值替换时,方程 3.1 中系数估计量的期望值。这些参数估计量的期望值可以与列(2)中的真实的总体参数值相比较,其产生"相对"偏误的测量显示在列(3)中。尽管表5.4显示,NRME 导致的偏误并不足以改变任何系数的符号,参数估计量还是高估了 HEIGHT 影响的大小,而其他变量的影响大约都被低估了 8% 到 13%。

表 5.4　基于随机变量的测量误差的效果示例:
体重的测量误差看做体重本身和身高[a]的非线性函数

自变量	参数	(1) 使用 NRME 对参数的期望值进行估计	(2) 总体取值(无测量误差)[b]	(3) 测量误差导致的百分比偏差[c]
截距	α	26.56	38.10	−0.30
CALORIES	β_C	0.0262	0.0291	−0.10
FAT	β_F	−2.705	−3.098	−0.13
EXERCISE	β_E	−0.1085	−0.1183	−0.08
HEIGHT	β_H	1.426	1.346	0.06
AGE	β_A	−0.255	−0.285	−0.11
SMOKER	β_S	2.68	3.01	−0.11
FAT^2	β_{FF}	0.073	0.084	−0.13
SMOKER · EXERCISE	β_{SE}	0.0996	0.1097	−0.09
METABOLISM	β_M	−1.612	−1.795	−0.10

注:a. 这里真实的分数 $WEIGHT_j$ 是由 $WEIGHT_j - [(1.2)(WEIGHT_j/HEIGHT_j)]^2$ 来测量的。
　　b. 如正文所述。
　　c. (列(1)变量取值−列(2)变量取值)/列(1)变量取值。

代理变量

最后,关于测量误差的警告是关于代理变量的。当一个变量不能被直接测量时,其他与这个变量的概念相关的变量就被假设来测量这个概念。例如,一个国家的人均收入通常被用来表示这个国家的发展水平(例如,Dye, 1966;Pryor,

1968)。在体重模型中，如果饱和脂肪摄入量的数据（FAT）对样本中的案例不适用，我们就可以考虑用女性吃快餐在所有用餐中所占的比重来作为替代变量。当使用代理变量后，即使对代理变量本身的测量没有一点误差，分析人员也可能会得出错误的结论。例如，没有任何误差的人均收入数据并不能证明当收入被当做代理变量时，对发展水平这一概念的测量没有误差。结果往往是，研究者必须警惕当代理变量被用做指标值时，可能出现的两种测量误差：(1)在对代理的真实值进行测量的时候，随机的或者非随机的误差；(2)由于代理变量的真实值无法有效地反映原变量而导致的非随机误差。

经济学家和其他社会科学家非常喜欢使用代理变量，特别是当他们用消费数据测量"需求"、"支持"或者"兴趣"时。例如：(1)通过测量家庭对一种产品的消费来计算他们对该商品的需求；(2)通过测量个人对某项原则相关的社团的贡献情况来估计他们对这项事业的支持；(3)通过统计某项体育比赛在社区内的售票情况来测量社区居民对该项运动的兴趣。[44]对于这些消费变量，我们必须对测量市场消费（或者售票情况）时产生的误差，以及由于产品或门票滞销带来的误差非常敏感，因为这些误差可能反映出人们对产品的精确的市场需求、支持程度或者感兴趣的程度。在那些作出贡献的人之中，人们贡献的大小可以测量对该项事业的支持程度，且误差非常小。但是，如果需要最小程度的付出（不为0）去刺激贡献，那么，他们的行动与那些从来没有作出任何贡献的人相比，就会出现实质性的误差。由于支持该项事业被认为对其的投入一定不能小于0（也就是说，当其为0时，会被删除），因此，这些刚刚越过所谓的支持标准的人，同那些完全反对这项事业的人所获得的态度评分是一样的。这就会导致 NRME，其中误差的大小是真实值的方程。对于那些真实得分低于标准线的人（被认为持支持的态度），支持的力度越小，那么其贡献被高估的部分就越大（实际上为 0）。[45]

在一些情况下，当我们使用代理变量去测量一个概念时，这一变量可能就会从量化变为非量化，因此我们实际上测量的是另一个概念。当代理变量与被测量变量单调相关时——但不是线性相关——就会出现这种情况。一个家庭中，孩子的数量无疑是一个（离散的）量化变量，而不同等级在取值上的差异精确地反映了不同样本之间，子女数量的"差距"。然而，当子女数量被用做代理变量去测量"父母照顾子女所花费的时间"时，没有孩子和一个孩子的家庭所花费时间的差别，要比 4 个孩子和 5 个孩子之间的差别大得多，这一假设是非常合理的。这意味着，当我们用照顾子女的时间来测量子女的数量时，子女数量这一变量可能就不再是量化的了。当我们用代理变量去测量其他概念时，即使是连续变量也有可能失去其量化的特征。例如，Carter（1977）声称，收入与社会地位是非线性关系。因为以年收入 1 万美元为分界线，收入高于这一分界线的人群的社会地位与收入远比这一数字低的人群相比，其社会地位的差别要远大于他们与那些收入在更高水平的人之间的差异。结果，当收入被用于测量社会地位的代理变量时，这一指标就不再是量化的。如果一位研究者对概念和代理指标之间的非线性关系的特殊性质非常有信心，则可以用数学转换方式在恰当的测量等级范围下来"伸展"和"收缩"差距，并重新构建定量指标。因此，Carter（1971）推荐用收入的对数来衡量社会地位。

第 8 节 │ 线性和可叠加性的假设

当判断一个线性可叠加模型是否适用于具体的研究应用时,我们需要考虑,对于每个自变量而言,它与因变量的期望值之间关系的斜率是否依赖于这个自变量本身的取值以及/或者其他自变量的取值。如果理论表明,Y 的期望值的变化是由自变量 X_1 的微小的固定变化导致的(即理论认为 X_1 和 Y 的期望值之间关系的斜率)并依赖于 X_1 的取值,那么就需要一种非线性的解释来说明这一问题。如果理论预测 Y 的期望值的变化与 X_1 的微小增量相关依赖于一个或者多个其他自变量的取值,那么称这一模型是非可叠加性的或交互性的会更恰当。

如果需要解释为什么一定要满足非线性和/或者非可叠加性,那么我们可以说,非可叠加性和/或者交互作用的特性会决定我们是否应该运用普通最小二乘假设来估计参数,或者需要抛弃 OLS 而采取其他的估计方法。如果一些数学的转换方法可以把非线性的和/或者非可叠加性的模型转换为对等的线性可叠加模型,这个模型就被称为内在的线性或可叠加。[46] 同样,这个模型被称为是关于变量是非线性的和/或者非可叠加性的,但却是关于参数是线性的和/或者可叠加的。一个非线性的和/或者非可叠加的模型在经过恰当的转换以后,满足高斯-马尔科夫假设,其本质上是线性的和可叠加的,也可以利用 OLS 回归进行恰当地估计。相反,本质上不是线性的和/或者可叠加的模型——即关于参数不是线性的和/或者可叠加的——则不能利用 OLS 回归合理地进行估计作为替代,但可以用非线性最小二乘法或者极大似然估计法进行估计(Fox,1984:206—213;Greene,1990:335—340;Kmenta,1986:512—517)。

我们可以给出一个关于参数是线性的和可叠加的回归模型的例子:

$$f(Y_j) = g_0(\alpha) + \beta_1 g_1(X_{1j}, X_{2j}, \cdots, X_{rj})$$
$$+ \beta_2 g_2(X_{1j}, X_{2j}, \cdots, X_{rj}) + \cdots$$
$$+ \beta_k g_k(X_{1j}, X_{2j}, \cdots, X_{rj}) + h(\varepsilon_j) \qquad [5.16]$$

其中,按照惯例,α,β_1,β_2,$\cdots$,β_k 都是参数;f 是关于变量 Y 的方程;g_0 是关于截距的方程;h 是关于误差项的方程;每一个 g_1,g_2,$\cdots$,g_k 都是关于 r 个一系列自变量的方程。通过对这些方程(即 f、各种不同的 g 以及 h)进行数学变换,如取幂函数、取对数、对变量做乘法或者除法以及其他变换方式,方程 5.16 考虑了各种形式的、关于变量的非线性和/或者非可叠加性形式。

例如,方程 3.1 中的体重模型包含了一个运用了关于 FAT 的"平方"项,用来表述在脂肪摄入量和体重之间的非线性关系。[47] 在另一个例子中,方程 3.1 中的一项(SMOKER·EXERCISE)是一个关于 SMOKER 和 EXERCISE 的"乘积"方程。对于这个乘积项的解释是,SMOKER 和 EXERCISE 对女性的体重有交互作用。对其他普遍的固有线性和可叠

加模型的非线性和/或者非可叠加的形式,还有以下几种描述方式:

$$Y_j = \alpha + \beta(1/X_j) + \varepsilon_j \qquad \text{(双曲线或倒数模型)}^{[48]}$$

$$\log Y_j = \alpha + \beta X_j + \varepsilon_j \qquad \text{(半对数模型)}$$

$$\log Y_j = \alpha + \beta \log X_j + \log \varepsilon_j \quad \text{(指数模型)}$$

$$\log Y_j = \alpha + \beta_1 \log X_{1j} + \beta_2 \log X_{2j} + \log \varepsilon_j \quad \text{(对数模型)}^{[49]}$$

$$[5.17]$$

其中,最后一种非线性非可叠加的模型被称为"科布-道格拉斯方程",其最常见的表达方式如下[50]:

$$Y_j = \alpha X_{1j}^{\beta} X_{2j}^{\beta} \varepsilon_j \qquad [5.18]$$

通过在方程两边同时取对数,这一方程可以转换为方程5.17的形式。但是,我们将方程5.18"线性化"为这种形式,取决于一个对 Y 有倍增影响的误差项的模型。相反,以下方程则是一个与方程5.18类似的模型,但是有一个常规的可叠加干扰项:

$$Y_j = \alpha X_{1j}^{\beta} X_{2j}^{\beta} + \varepsilon_j$$

该方程的参数既非线性也不可叠加的,因为无论我们通过何种方法,都无法将其转换为对等的线性可叠加方程。

如果研究者在理论上指出了模型的线性和/或者交互性,但是在实践中却运用关于变量的线性可叠加估计模型(即模型中不包括关于变量的"转换了的"方程),则会出现设定误差。在一些情况下,不规范的方程形式可以对应地被解释为由于排除相关变量而导致的设定误差。例如,考虑方程3.1中的体重模型的参考框架以及包括在参考模型中的所有自变量的估计模型,在一个线性可叠加模型中忽略了两组相关变量,即吸烟与运动对体重的交互作用以及在脂肪摄入量与体重之间的非线性关系:

$$
\begin{aligned}
\text{WEIGHT}_j = {} & \alpha + \beta_\text{C}\,\text{CALORIES}_j + \beta_\text{F}\,\text{FAT}_j + \beta_\text{E}\,\text{EXERCISE}_j \\
& + \beta_\text{H}\,\text{HEIGHT}_j + \beta_\text{A}\,\text{AGE}_j + \beta_\text{S}\,\text{SMOKER}_j \\
& + \beta_\text{M}\,\text{METABOLISM}_j + u_{W_j} \qquad \text{(估计模型)}
\end{aligned}
$$

$$[5.19]$$

在这种情况下,参考模型的自变量的偏斜系数(即 CALORIES、HEIGHT、AGE 以及 METABOLISM)与因变量有线性且可叠加的关系。通过分析,由于从回归模型中排除回归量 FAT^2 以及(SMOKER · EXERCISE)而导致的偏误,我们可以看到由这种错误的方程形式导致的扭曲。假设我们已知由于排除变量导致的设定误差,就可以得出如下结论:参数估计量对任何与 FAT^2 和 SMOKER · EXERCISE 相关的自变量都会产生偏误。

但是对于与因变量有非线性关系的自变量 FAT,或者对于与因变量有交互影响的变量 EXERCISE 和 SMOKER,方程 5.19 中对 OLS 估计量的扭曲远超过普通意义上的"偏误"。这是因为在估计模型中,参数被估计——不考虑它的期望值——有一种与参考模型假设本质上不一致的解释。线性可叠加方程5.19 假设,所有自变量对 WEIGHT 的影响都是恒定的,它们不会因为自变量取值的不同而产生变化。结果,如果回归模型 3.1 中的参数被错误地用方程 5.19 进行估计,任何假定恒定斜率的估计量本质上都会错误地被表述。因为 FAT、SMOKER 以及 EXERCISE 在不同自变量的取值上产生的影响的强度是有差异的。

在这种非常特殊的情况下,我们就可知,错误地将关于变量非线性且不可叠加的模型当做线性且可叠加的模型会有何种后果。例如,假设参考模型是一个二阶多项式:

$$Y_j = \alpha_j + \beta_1 X_j + \beta_2 X_j^2 + \varepsilon_j \qquad (参考框架) \quad [5.20]$$

其中,自变量 X 由其取值与均值的偏差来衡量。[51]假设研究者错误地认为 X 与 Y 的关系是线性的:

$$Y_j = \alpha_j + \beta_1 X_j + u_j \qquad (其中 u_j = \varepsilon_j + \beta_2 X_j^2)$$

$$[5.21]$$

我们可以看到,OLS 估计量对 β_1 期望值可以通过以下方程给出(Theil,1971:550)[52]:

$$E(b_1) = \beta_1 + \beta_2[E(X^3)/E(X^2)]$$

因此,由于设定误差导致的偏误为 $\beta_2[E(X^3)/E(X^2)]$。$E(X^3)/E(X^2)$ 的符号是由自变量分布[53]的偏态决定的。如果 X 的分布是对称的,那么 $E(X^3)$ 等于 0[54],因此偏误也为 0。如果分布是倾斜的,那么偏误的符号是由 $E(X^3)$ 以及 β_2 所决定,因为 $E(X^2)$ 总是为正。当 X 的分布是正向倾斜时(X 有非常大的取值,因此 X 的均值也比中位数要大),$E(X^3) > 0$,但是当分布是负向倾斜时(那么中位数会比均值大),$E(X^3) < 0$。因此,我们能够得出结论说,当 X 由其偏离于均值的程度来衡量,同时 X 的分布是对称之时,OLS 估计尽管没有正确地描述方程 5.21 中的线性模型,但是仍然能得出无偏估计量 β_1。同样,方程3.2可以表示对自变量 X 的任意给定值 X^*,X_j 与 $E(Y|X_j)$ 之间关系的斜率在方程 5.20

中等于 $\beta_1 + (2\beta_2 X^2)$。因此当 $X = 0$ 时，其斜率就为 β_1。这意味着，当 X 由其对自身均值的偏离程度来衡量且对称时，一般来说，对这个错误描述的线性模型的估计，将会在 X 的均值处产生一个斜率系数估计量，且等于多项式曲线（方程 5.20）的斜率。这看上去是一个令人满意的结果。例如，考虑到多项式模型，其中表示 X 和 Y 的期望值关系的斜率会在一个最低点 c 和最高点 d 之间变动。而这两点是当 X 变化时，所能取到的最大值和最小值。合理的解释是，当这种模型被错误地认为是线性模型的时候，该模型倾向于生成一个恒定的、大于 c 且小于 d 的斜率。

这种性质也描述了方程 3.1 中的多元体重模型。对于这一模型，FAT 和 WEIGHT 期望值之间关系的斜率在 0.26 和 5.30 之间变化。因为 FAT 从其在总体中取值的最低点（20 克）到最高点（50 克）之间变化（参见图 3.1）。[55] 表 5.5 显示了方程 3.1 中由于假设该模型为线性的而得出的错误效果以及排除了 FAT^2 后的结果。表格的列(2)确定了 β_F 估计量的期望值在线性模型中取值的范围是 0.26 到 5.30，当取值为 1.381 时，真实的总体取值又根本性地偏离了 -3.098。正如表 5.1 所示，FAT 和 FAT^2 有强烈的相关性（达到了 0.98）。因此，从模型中删除 FAT^2 必然会导致 β_F 出现偏误。但是我在表 5.5 中没有描述对 β_F 估计量的偏误的测量，原因是这个偏误——其范围是从 1.381 到 -3.098——实际上是没有意义的，因为这是用不正确的模型进行的不准确的估计。在没有详细说明的线性模型中，β_F 反映了脂肪消耗量对体重作用的强度被假设为当消耗量变化时，体重保持稳定。在非线性模型中，脂肪消耗量对体重作用的强度被假定随着

表 5.5　指定函数形式错误影响的示例：将方程 3.1 中的非线性/非可叠加性模型看做现行/可叠加性模型进行处理

变　量	参数	(1) 总体取值[a]	(2) 错误指定且不考虑 FAT 的线性模型情况下对参数的期望估计	(3) 错误指定可叠加性模型且错误规定误差导致的百分比偏差[b]	(4) 不考虑 SMOKER·EXERCISE 的情况下对参数的期望估计	(5) 错误规定误差导致的百分比偏差[c]
截距	α	38.10	33.98	−1.89	28.06	−0.26
CALORIES	β_C	0.0291	0.0307	0.05	0.0295	0.01
FAT	β_F	−3.098	1.381	**	−2.984	−0.04
EXERCISE	β_E	−0.1183	−0.0748	−0.37	−0.0939	**
HEIGHT	β_H	1.346	1.426	0.06	1.447	0.08
AGE	β_A	−0.285	−0.136	−0.52	−0.267	−0.06
SMOKER	β_S	3.01	5.08	0.69	4.91	**
FAT^2	β_{FF}	0.084	—	—	0.082	−0.02
SMOKER·EXERCISE	β_{SE}	0.1097	0.0739	−0.33	—	—
METABOLISM	β_M	−1.795	−1.750	−0.03	—	0.01

注：a. 如正文所述。
b. (列(2)变量值－列(1)变量值)/列(1)变量值。
c. (列(4)变量值－列(1)变量值)/列(1)变量值。
** 偏差的测量对估计量的意义并不大。

消耗量的变化而变化。β_F 表示了当脂肪消耗量为 0(消耗量的一个阶段,实际上,恰巧在所反映的总体取值区间之外)[56] 时,其对体重的影响。在其他消耗量的水平上,这种效果的强度是 β_F 和 β_{FF} 的方程。

表 5.5 中的列(2)和列(3)明确说明了脂肪摄入量和体重的线性关系,但也会对其他体重的预测值的参数造成偏误。例如,当 FAT^2 被排除在模型外时,在那些不参加体育锻炼的女性中,吸烟对体重的影响(如 β_S 所反映的)倾向于被高估 69%。同时,β_A(反映年龄对体重的影响)的期望参数估计量可能会被低估 52%。

表 5.5 也反映了由于排除了乘积项 SMOKER·EXERCISE(参见列(4)和列(5)),因而错误地把"体重"参考模型当做可叠加模型后得到的分析结果。有人可能会预见,β_E 在错误的可叠加模型中的期望值为 -0.0939,这一数值表示了 EXERCISE 和 WEIGHT 期望值关系的恒定斜率,处于非吸烟者的真实斜率($\beta_E = -0.1183$)和吸烟者的真实斜率($\beta_E + \beta_{SE} = -0.0086$)之间。但是无论是参加体育锻炼还是吸烟,对于女性体重的恒定影响的估计量在可叠加模型中永远都无法准确地反映真实的关系,即吸烟对体重的影响依赖于女性的运动量,并且运动带来的效果对吸烟的女性和不吸烟的女性还不相同。

对于表 5.1 相关关系的检视可以让我们预见到,相对于排除 FAT^2,排除 SMOKER·EXERCISE 可能导致的对其他变量的偏斜系数估计量的偏误并不严重,因为 SMOKER·EXERCISE 与所有变量之间的相关性(除了 SMOKER 和 EXERCISE 以外)都非常微弱。确实,对于所有偏斜系数(除

了 β_S 和 β_E），由错误的模型所得出的估计量的期望值总是高于或低于将近 8%（参见表 5.5 中的列 (5)）。但是，一般没有理由指望错误的可叠加的交互模型会比被当做线性模型的非线性模型产生更少的偏误。

在很多情况下，我们选择线性和可叠加的模型来进行分析，是因为社会科学家没有弄清楚能否用理论来预测非线性或者不可叠加的关系。但是用"头脑风暴"的方法去思考可能影响因变量的自变量显然是不够的，因此在标准线性可叠加回归模型中加入变量的做法并不常见。如果我们相信模型是关于变量的线性的和可叠加的，这表明我们实际上作出了本质的假设：每个自变量对因变量的作用完全独立于自变量被固定时的取值。所以，对于模型规范展开的头脑风暴必须包括一套分析，即每个自变量对因变量的作用是可变的——随着自身或者其他自变量取值的变化而变化。[57] 只有当这些变化着的影响预期的性质被彻底弄清楚，才能选择一套合适的回归模型，从而展开有意义的分析研究。

第 9 节 ｜ **同方差和缺乏自相关假设**

　　同方差性假设(A6),即在回归模型中,误差项的条件方差保持恒定。在方程 2.2 中,$VAR(\varepsilon_j \mid X_{1j}, X_{2j}, \cdots, X_{kj}) = \sigma^2$,其中 σ^2 为常数。当误差项的条件方差不为常数时,则会出现异方差性。那么用符号来表示则为 $VAR(\varepsilon_j \mid X_{1j}, X_{2j}, \cdots, X_{kj}) = \sigma_j^2$。任意两个观测值的误差项都不相关的假设(A7)被称为"缺乏自相关",或者"序列相关"。我们将分别对异方差性假设和缺乏自相关假设展开深入讨论,但也会简单地讨论违反了这两条假设的解释的后果,因为违反这两种假设的结果是一样的。正如我们所见,由于存在异方差性和自相关,OLS 系数估计量是无偏的,但并不能说满足 BLUE。一种替代的方法是广义最小二乘法(GLS),用这种方法可以得到满足 BLUE 的估计量。

自相关的本质含义

　　在回归方程中,对于所有关于误差项的假设,理解缺乏自相关性的实质含义必须要先搞清楚误差项代表了哪些变量对因变量产生的联合影响(但这并没有从回归方程的回归量中体现出来)以及因变量会出现的任意随机因素的影响。

如果我们把这些被忽略的变量用 Z_1，$\cdots$，Z_m（见方程 5.3）来表示，我们就可以看出，缺乏自相关的假设要求对任意一对观测值（j 和 h）、被排除的变量以及对 Y 的取值的随机因素的净影响——$\delta_0 + (\sum_{i=1}^{m} \delta_i Z_{ij}) + R_j$ 和 $\delta_0 + (\sum_{i=1}^{m} \delta_i Z_{ih}) + R_h$——是不相关的。

自相关作用特别类似在时间序列回归中所出现的问题。为了理解出现这种问题的原因，我们考虑在时间序列模型中，每个被排除的变量（Z_1，$\cdots$，Z_m）组成的误差项是正向的自相关。也就是说，那些变量现在的取值与之前的取值是正相关的。[58] 那些随着时间的推移而"递增"的变量会倾向自相关。具体来说，有很多倾向于随着时间的推移，整体上逐步增加的社会的、政治的和经济的变量（例如，加利福尼亚州的人口数量、个人的收入，或者某个组织或者政府的花费）都是自相关的，那些保持稳定的主观态度也是自相关的。

现在，我们来考虑两个连续的观测值的误差项（在时间 t 和 $t+1$ 上）：

$$\varepsilon_t = \delta_0 + \delta_1 Z_{1t} + \delta_2 Z_{2t} + \cdots + \delta_m Z_{mt} + R_t \quad [5.22]$$

以及

$$\varepsilon_{t+1} = \delta_0 + \delta_1 Z_{1,\,t+1} + \delta_2 Z_{2,\,t+1} + \cdots + \delta_m Z_{m,\,t+1} + R_{t+1}$$
$$[5.23]$$

对于时间序列方程，我们将用 t 代替 j 来表示观测值，用来提示我们这个模型是随着时间推移而变化的。为了简化这些数学方程，我们假设所有的 Z 都被调整过了，其均值都为 0。把这个均值代入方程 5.22 两边，可得[59]：

$$E(\varepsilon_t) = E(\delta_0) + \delta_1 E(Z_{1t}) + \delta_2 E(Z_{2t}) + \cdots + \delta_m E(Z_{mt}) + R_t$$
$$[5.24]$$

$E(\varepsilon_t) = 0$（A4 中已经假定这一方程成立）；通过假设，$E(Z_{1t}) = E(Z_{2t}) = \cdots = E(Z_{mt}) = 0$，并且 $E(R_t) = 0$，因为 R 代表 Y 的内在的随机性。在方程5.24中，0 代替所有的均值，这样得到 $E(\delta_0)$ 也等于 0。因此，常数 δ_0 也必然等于 0。方程 5.22 和方程 5.23 可以化简为：

$$\varepsilon_t = R_t + \sum_{i=1}^{m} \delta_i Z_{it}$$

$$\varepsilon_{t+1} = R_{t+1} + \sum_{i=1}^{m} \delta_i Z_{i,\,t+1}$$

接着，我们利用协方差的定义可得[60]：

$$\mathrm{COV}(\varepsilon_t,\, \varepsilon_{t+1}) = E(\varepsilon_t,\, \varepsilon_{t+1})$$

$$= E\Big[(R_t + \sum_{i=1}^{m} \delta_i Z_{it})(R_{t+1} + \sum_{i=1}^{m} \delta_i Z_{i,\,t+1})\Big]$$
$$[5.25]$$

在方程 5.25 中的表达方式可以改写为以下表达方式，对连续误差项的协方差：

$$\mathrm{COV}(\varepsilon_t,\, \varepsilon_{t+1}) = E(R_t + \sum_{i=1}^{m} \delta_i Z_{i,\,t+1}) + E(R_{t+1} + \sum_{i=1}^{m} \delta_i Z_{it})$$

$$+ E(R_t,\, R_{t+1}) + \sum_{i=1}^{m} \sum_{j=1}^{m} \delta_i \delta_j E(Z_{it} Z_{j,\,t+1})$$
$$[5.26]$$

R_t 和 R_{t+1} 的均值为 0 表示，在方程 5.26 中，右边的前三项是在一个随机变量（R_t 或者 R_{t+1}）以及其他变量之间的一个协方差，因此必须为 0（见注[60]）。因此，从方程右边"去掉"几

项,只留下:

$$\text{COV}(\varepsilon_t, \varepsilon_{t+1}) = \sum_{i=1}^{m} \sum_{j=1}^{m} \delta_i \delta_j \text{E}(Z_{it} Z_{j, t+1}) \qquad [5.27]$$

那么,假设这个协方差为 0——正如回归假设所要求的那样——合理吗?

我们首先考虑方程 5.27 中,当 $i = j$ 时,子项的总和为:

$$\sum_{i=1}^{m} \delta_i^2 \text{E}(Z_{it}, Z_{i, t+1}) \qquad [5.28]$$

这个表达式包括了所有被排除的 Z 经过加权的总和的协方差,其取值在连续的时间点上的取值之间。首先,所有的加权(δ_i^2)的总和(即系数的平方)都是正的。另外,我们假设每个 Z 都正向自相关,这意味着每个协方差[$\text{E}(Z_{it} Z_{i, t+1})$]的总和都为正。因此,所有的项在加权的总和中都是正的,因此和本身也是正的。

但是我们并不能就此推导出在方程 5.27 中,当 $i \neq j$ 时所有项的总和的正负。但是,我们至少可以得出,因变量和一堆自变量的总体趋势都随着时间的推移而增加。我们可以预计,绝大部分的[$\text{E}(Z_{it} Z_{j, t+1})$]项的总和都是正的,正如绝大多数 Z 变量在时间点 t 上与绝大多数 Z 变量在时间点 $t+1$ 上正相关。同时,在这种情况下,大量的 δ 系数,即测量被排除的 Z 对因变量的影响,也应该是正的。如果是这样,绝大多数 $i \neq j$ 时的项数的总和在方程 5.27 中都应该是正的。那么,当这些项被加入方程 5.28(其中 $i = j$)后,最终的误差项的协方差在连续观测值上的取值也应该是正的。这说明了在时间序列模型中,自相关性是一个普遍问题。

为了理解自相关作用的根本含义,我们举一个例子。请考虑在时间序列背景下的体重模型,其中我们假设用一个回归模型预测人们在每个星期开始时的体重。[61]在时间序列的条件下,包含在误差项中的一个最重要的变量可能是个人的健康。假设个人的健康与模型中的自变量不相关[62],那么把健康从模型中排除,则不会引起估计量的偏误。但是个人的健康可能是自相关的。因为一个人在这个星期的健康状况是预测这个人下个星期健康状况的非常好的指标。同时,个人健康的特征会对回归模型中的干扰项有正向的自回归作用。

有时候,那些产生自相关作用的被排除的变量可以被设想为某些对未来时期的系统产生"震撼"效果的大事件。例如,我们用时间序列模型来解释旧金山的平均房价,那么1989年的地震可能会导致房价在后来很长一段时间内的剧烈波动。如果事实如此,同时这件事情在模型中并没有被明确地提出,那么就会出现自相关作用。实际上,在这一模型中,真正被忽略的并不是地震本身,这一隐含变量实际上是"对地震的恐惧",这种恐惧心理在1989年以后的若干年间,一直停留在较高的水平上。

如果受自相关性影响而"被排除"的变量的误差项也能够制造同样自相关的干扰项,那么时间序列模型中的设定误差所导致的自相关性就不值得惊讶了。为了理解为什么这一结论是正确的,假设误差项为 ε 的参考模型被一个排除了自变量 X_1 的回归模型估计。如果 X_1 是自相关的,那么估计模型中的干扰项 $u_t = \varepsilon_t + \beta_1 X_{1t}$ 也有可能是自相关的。然而,在用排除法的设定误差的例子当中,当无法判断被排除的变量与自变量是否相关时,自相关性通常是一个次要的问题。

这是因为那些由于设定误差而导致的系数估计量的偏误一般比自相关作用的后果严重得多。

在时间序列模型中，另一种可能导致自相关作用的设定误差的形式是一种不正确的方程形式。比如，假设参考模型的框架是非线性的多项式：

$$Y_t = \alpha + \beta_1 X_t + \beta_2 X_t^2 + \varepsilon_t \qquad \text{（参考框架）}$$

在图 5.6 中可得该曲线，但是线性模型

$$Y_t = \alpha + \beta_1 X_t + u_t \quad \text{（其中 } u_t = \varepsilon_t + \beta_2 X_t^2 \text{）} \qquad \text{（估计模型）}$$

代替该多项式被估计。我们从图 5.6 中可以清楚地看到，不正确的方程形式会产生误差项 u，即它倾向于在自变量取较大值或较小值时取正值（即，如果 $X_t < w$ 或者 $X_t > z$，那么 $\mathrm{E}(u_t \mid X_t) > 0$），而在 X 的"中间"取值上为负（即，如果 $w < X_t < z$，那么 $\mathrm{E}(u_t \mid X_t) < 0$）。如果 X 是那种会随着时间的推移取值不断递增的变量，那么连续观测值的误差项也会相关。

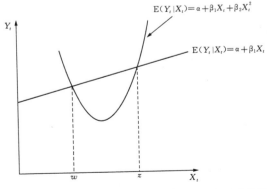

图 5.6   在时间序列模型中,自相关与错误的函数形式的联系

与时间序列模型相比,自相关性在横截面模型中总的来说并不是一个大问题,但是空间自相关可能在某些情况下出现。确实,一旦观测对象彼此之间出现了某种程度的"被建构"的关系,那么我们就应该怀疑出现自相关性的可能。在时间序列模型中就有这种情况,其中观测值在一个时间的序列中被构建。而当观测对象为独立的个人的时候,他们之间几乎没有或者根本没有任何联系(正如在调查研究中对一个国家的人口的随机抽样一样),在这种情况下,对观测对象进行建构几乎是不可能的,因此自相关性也不是什么问题。但是在关于体重的案例中,如果我们研究的女性住在四人间的宿舍里,她们每个人都被这个小社区所建构,因此她们会花更多的时间与其他人在一起。我们再假设,女性的健康情况会影响她们的体重,但是却被排斥在回归模型之外。在共同的居住环境中,健康很有可能有空间上的相关性。因为传播疾病会在整个环境中蔓延,女性的健康可能会与整幢楼中邻居的健康状况相关。这样,自相关作用就又会发生。

另一种在分析中需要特别注意的空间自相关作用可能出现的情况是,被观测的单位是政治管辖区,比如大都市地区的城市、美国的州或者其他国家(Odland,1988)。在这种情况下,被排除在回归模型之外的用以解释辖区内社会的、政治的或经济特征的变量常常有地区相关性。最后,假设我们希望用回归分析来检验哪些因素决定了同性恋神职人员的态度。[63]因为在总体人口中找到这些同性恋神职人员是件非常困难的事情,所以我们只能构建一个随机抽样来进行经验研究。事实上,我们可以利用滚雪球的方法。在雪球样本中,只有很少一部分人会被选中做访谈,但是每个人都会被要求从总体人口中确定其他同性恋神职人员（Sundmsn，1976:210—211）。假设这些人有可能推荐他们的朋友和熟人，那么样本中的观测对象会被这种观测方式所"建构"，包含在回归误差项中的一个观测对象在某些变量上的取值，就很有可能与其他观测对象的取值相关。

同方差性的实质含义

关于同方差性的一个重要的看法是，虽然它通常被看做关于一系列残差平方的假设，但同时也可以看做一系列关于因变量的方差的假设。如果 k 个自变量——X_{1j}，X_{2j}，…，X_{kj}——VAR$(\varepsilon_j \mid X_{1j}, X_{2j}, …, X_{kj})$是定值（在某一个 σ^2 下），那么在方程 2.2 中的误差项就可以被称为同方差性。但是对于 X 的任意单一的一组值，$\alpha + \beta_1 X_{1j} + \beta_2 X_{2j} + … + \beta_k X_{kj}$ 是定值，并且我们记 $E(Y_j \mid X_{1j}, X_{2j}, …, X_{kj})$ 为 s_j。关于这一组确定的随机变量的 X，从方程 2.2 中可以得出 $Y_j = s_j + \varepsilon_j$。因此，对于任意固定的一组自变量，$Y$ 和 ε 仅仅相差一个常数。正是因为这一点，Y 和 ε 的条件方差必然是相等的。这就证明了我们的确可以将同方差性看做对于每一组自变量，条件方差 Y 等于常数 σ^2 这一假设。理解了同方差性这一巨大的意义，它就可以被用来考虑误差项和因变量的方差。

尽管自相关通常与时间序列有紧密的联系，但异方差性才是横截面研究中的主要问题。在一些例子中，异方差是从度量因变量的方差中导出的。具体而言，如果全体的测量误差在代表性研究的观测值之间有系统变化，那么就有了异方差性。比如,在我们之前所举的例子中,体重是由试验组中的女性自己提交的,并且所有的女性都试图更诚实,因此任何测量错误都是由于误解而不是刻意扭曲造成的。再比如,随着年龄的增加,她们对体重会更敏感,从而会更频繁地测量自己的体重。在这种情况下,年长的妇女会比年轻的妇女提供更准确的数据。因此,对于不同组的自变量,即使她们体重的真实方差是常数,但是误差方差却会随着年龄的增加而递减,从而导致因变量的年龄和指标的方差之间的负相关。

另一种可能会因为测量误差而导致异方差性的情况是跨国研究。在这类研究中,国家在发展水平上的差异很显著。如果关于因变量的数据是从政府工作报告中得来的,那么这些记录的质量很可能随着政府的进步而提高(因变量的方差将会降低)。结果是,在回归方程中,一旦因变量和政府的发展水平呈现相关性(这并非不可能),这些变量也会和因变量的方差相关,从而导致异方差性。

上述例子表明,在一个独特的回归模型的应用中,评估模型是否具有异方差性时,最主要的问题是误差项的条件方差(也可以考虑自变量的方差)是否在模型中有可能和其中的一个或者多个自变量相关。如果相关,就可以预测存在异方差性。进一步而言,那些被认为与误差项的方差有联系的特殊变量的预测在处理异方差性的问题上,对模型的再设定以及估计过程非常关键。

如果异方差性的出现仅仅是由于因变量测量的随机误差而导致的,我们就可以用现有的工具来检查和处理。检查的方法可以是直接观测,或者更正规一点,我们可以调查

OLS残差项和其他一个或多个自变量的方差之间的关系（Kennedy，1985：97—98）。[64]另一方面，这种检查方式需要研究人员作出自变量与误差项的方差有关系的假设。当异方差性导致一个单独的自变量和 ε 的方差相关时，可以在可视化的图表中画出在估计样本上的回归残差和可疑变量之间的关系，从而验证是否存在异方差（Berry & Feldman，1985：78—80；Gujarati，1988：327—329；Rao & Miller，1971：116—121）。此外，还可以借助其他的检查技术，包括 Goldfield-Quandt 检验和 Glejser 检验（Berry & Feldman，1985：79—81；Gujarati，1988：329—336；Johnson et al.，1987：303—304），这些方法适用于仅有一个自变量的模型，更普遍的 Breusch-Pagan 检验（Johnson et al.，1987：304—305；Kmenta，1986：294—295）则更加适用于误差项的方差和两个或者多个变量的线性组合相关的情况。一旦在一个样本中证实异方差性检验，并且分析人员充分了解它的形式（也就是说，确切地知道到底是哪一个或者哪些自变量以何种形式依赖于变量 ε），就可以用广义最小二乘法（下面会对这一技术进行简单描述）得到一个完美的估计，从而就能解决异方差的问题。

但是，如果异方差并不仅仅是由于测量的质量随着观测值变化而导致的，那么这种情况下最好不要采用 GLS 来解这一问题。相反，异方差可以看做模型有序地再设定的一种表征。具体而言，异方差性可能是由"内部"自变量和"外部"自变量的交互作用导致的。在这种情况下，当"内部"变量与一个或者多个"已经包含在内部"的自变量相互作用的时候，解决异方差性的方法应该是重新划归一个或者多个变量到误差项中。

举个例子，我们介绍一个双变量的回归模型，该模型的分析单位是美国家庭，其中因变量是一年内家庭度假的开支（记为 VACATION），自变量是年收入（记为 INCOME）：

$$\text{VACATION}_j = \alpha + \beta\,\text{INCOME}_j + \varepsilon_j \qquad [5.29]$$

我们可以非常肯定地假设斜率 β 是正数，这表明，随着家庭年收入的增加，家庭用于度假的支出的期望也会相应增加。但不仅是度假的平均支出会随着收入增加而增加，度假支出的方差（给定一个收入水平）也会随着收入的增加而增加。换言之，这个回归模型可能是具有异方差性的。这一论断逻辑上意味着，对于低收入家庭，度假的支出水平会比较低，那么其方差也会比较小，因为低收入家庭必须首先把家庭收入投入到家庭必需的方面，而只有较少一部分收入可以用来旅游和娱乐。但是随着家庭收入的增加，家庭可支配收入增多，家庭用于度假的支出的水平和方差都会增加。因此，我们关于收入和度假开支之间关系的假设就是，高收入是高水平度假开支的一个必要不充分条件。

事实上，我们在任何时候都可以认为，在一个观测数据中取值比较大的自变量都是导致因变量比较大的充分不必要条件，在这种情况下，就应该怀疑是否存在异方差性。这种"必要不充分"条件导致了观测数据的散点图呈现三角形。图 5.7(a)描述了观测值的两个变量 X、Y 之间的散点图，其中 X 取比较大的值是 Y 取比较大的值的必要不充分条件。异方差可能是由于变量 X 和其他没有考虑到的但却影响 Y 的变量 Z 之间的相互作用因素造成的。一种可能性如图 5.7(b)所

示，其中被排除的变量 Z 是一个可以以 0、1 和 2 为取值的变量。图 5.7(b) 和图 5.7(a) 都是关于同一组观测样本的，但是从图 5.7(b) 所示的模型中可以得到，对于 Z 有任意固定取值的模型，X 和 $E(Y_j | X_j)$ 之间呈现线性关系，而且误差项是具有同方差性的，但是 X 和 Y 的期望值之间的斜率却和 Z 的取值相关。如果图 5.7(b) 中所示的模型用 Y 和 X 的二元回归来描述，那么根据经验，这一错误的方法必然导致图 5.7(a) 中所示的异方差的残差项。

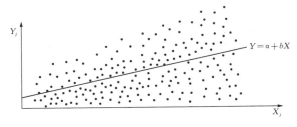

（a）在二元回归模型中的异方差性

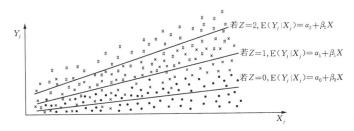

（b）由于被忽略的变量 Z 导致的设定误差

注：♯ 表示 $Z=2$ 的观测值，✕ 表示 $Z=1$ 的观测值，· 表示 $Z=0$ 的观测值。

图 5.7 "必要但不充分"关系的散点图

回到前述的家庭年度假支出模型，很重要的一点是应该注意到异方差性质的产生并不仅仅是测量误差引起的。即使对所有家庭的年度度假支出的测量都非常完美,异方差性还是可能存在。我们或者数据分析人员面临的主要问题是,在方程5.29中,哪些不在考虑范围内的变量被当做了误差项? 一个还是多个这类变量与家庭收入存在交互作用,从而影响年度度假支出? "家庭的满意度(幸福感)产生于家庭度假的消费量"这一变量很可能是有问题的。一个更加合理的假设是,家庭用于度假的支出不仅受制于家庭年收入,而且也和度假能够给家庭带来的满意度(幸福感)相关。家庭收入和由度假带来的满意度交互作用,从而影响到度假支出。对于度假中的满意度(幸福感)很低的家庭而言,家庭收入可能对度假支出影响甚微,因为这类家庭只会花费小部分收入去度假而不理会年收入的总量。但是随着度假带给家庭的满意度(幸福感)的增加,年收入对度假消费的影响也会增大:那些感觉到度假能够给家庭带来很大满意度(幸福感)的家庭,如果年收入很高,那么他们会花费相当可观的一部分收入去度假,而年收入比较低的家庭可能仅仅能支出一小部分到度假上面。因此,在年度度假消费模型中解决异方差性的最好方法并不是GLS估计,而是应该用交互模型,这一模型理论上具有同方差性,

$$\text{VACATION}_j = \alpha + \beta_1 \text{ INCOME}_j + \beta_S \text{ SATISFY}_j$$
$$+ \beta_{IS}\left[(\text{INCOME}_j)(\text{SATISFY}_j)\right] + \epsilon_j$$

其中,SATISFY表示从度假中得到的满意度(幸福感)的总量。这一修正后的模型回避了对异方差性的"技术手段"解法,而有利于对度假支出这一模型本质上的解释。[65]因此,如果新模型误差项具有同方差性,那么OLS方法将会是一个恰当的估计手段。

最后一个例子是体重模型。假设我们已经错误地设定
了模型,漏掉了EXERCISE这一变量,那么理论上会得到如下
的可叠加模型:

$$\text{WEIGHT}_j = \alpha + \beta_C \text{CALORIES}_j + \beta_F \text{FAT}_j + \beta_H \text{HEIGHT}_j$$
$$+ \beta_A \text{AGE}_j + \beta_S \text{SMOKER}_j + \beta_M \text{METABOLISM}_j$$
$$+ \beta_{FF} \text{FAT}_j^2 + u_j \qquad [5.30]$$

假设在这一人群中,SMOKER 的确和 EXERCISE 有交互作
用,从而身体锻炼对体重的影响在吸烟者中的影响比不吸烟
者的大。方程 5.30 可以用异方差来表征,从而对于不吸烟
者,其误差项的方差大于吸烟者。假设在不吸烟者中,身体
锻炼对于体重的影响很大,如果从模型中删除 EXERCISE,
则会导致在预测有大量身体锻炼和少量身体锻炼的人的体
重时产生巨大的误差,从而使误差项的方差比较大。但是如
果假定在吸烟者中,身体锻炼对于体重的影响比较小,从而
删除 EXERCISE 这一项在预测这类群体的体重时,也不会导
致太大的误差,使误差项的方差比较小。

关于这一异方差的预测,可以通过在收集到的关于女性
的数据上对方程5.30进行 GLS 回归后,比较吸烟者和不吸
烟者的残差的分布从而得到验证。图 5.8 是关于这两个分
布的直方图。在图 5.8(a)中,从人群中随机抽取了 40 个吸
烟者;而在图 5.8(b)中,从人群中随机抽取了 40 个不吸烟者
(这样可以使两个直方图具有可比性,保持两个样本的容量
相同是非常重要的)。通过直接观察图 5.8 中的图形,我们
可以确信不吸烟者的残差分布比吸烟者的更加分散,这一点
和我们关于异方差性的分析是一致的。

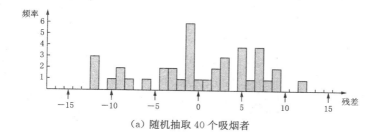

（a）随机抽取 40 个吸烟者

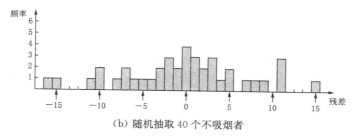

（b）随机抽取 40 个不吸烟者

图 5.8　方程 5.30 中 OLS 残差的分布

异方差性和自相关作用的后果

正如前文所述，尽管存在异方差性和自相关作用，OLS 系数的估计量仍然是无偏的。这一结论凭直觉来看是有道理的。例如，在一个存在异方差性的二分回归模型中，

$$Y_j = \alpha + \beta X_j + \varepsilon_j$$

其中，$\beta > 0$，当其他标准回归假设都满足该条件的时候，误差项 ε 的方差随着自变量 X 的增加而增大。这意味着，当 X 取值较大时，相对于较小的取值而言，其所对应的 Y 更有可能偏离真实的回归曲线。在任意一个样本中，少量的观测值在 X 取较大值且 ε 取非常大的正值时，会使得 OLS 斜率系数的估计量大于 β。同样，在任何样本中，少量的观测值在 X

取较大值且 ε 取了一个非常大的负值时，则会使得 OLS 斜率
系数的估计量小于 β。但是因为误差项的均值为 0（假设
A4），ε 取数值很大的正值和负值的可能性相等，所以如果随
机样本量可以取无限大，那么平均斜率估计量仍然等于 β。
举一个自相关性的例子，请看以下这个二分的时间序列
方程：

$$Y_t = \alpha + \beta X_t + \varepsilon_t \qquad [5.31]$$

这是对同一个人在不同时间点的观测值。我们假定，除了缺
乏自相关性以外，其他回归假设都被满足。因此，自相关性
就以社会科学研究中最普遍的形式呈现出来：正向一阶自回
归。在这种自相关作用的形式中，误差项在任意时间点的取
值 t 都可以用其本身在前一个时间点的取值 $t-1$ 以及随机
变量 u 组成的方程来表示[66]：

$$\varepsilon_t = \pi\varepsilon_{t-1} + u_t$$

其中，π 是一个取值在 0 和 1 之间的常数。[67]也就是说，误差
的期望值在一个阶段是前一个阶段误差的一个固定的比例。
而且，误差项在取值上随着时间推移而变化的过程包含了两
部分：其一是系统的成分（用参数 π 来表示），另一部分是随
机成分 u。

　　假设方程 5.31 中的 X 随着时间的推移会不断增长。
图 5.9 以实线表示了 X 与 Y 的总体间的关系。那么，假设用
一组样本数据来估计这个方程，那么第一次观测时（在时间
点 t'）恰好是负值（如图 5.9 所示）。[68]由于存在正向一阶自
回归的误差结构，因此误差项很可能在下一个时间点也是负
的。确实，当任意一个观测值都存在取值较大的负向误差项
时，误差项很可能在多个观测点上都保持为负数。一种类似

的表述是,取值较大的正误差项(比如图 5.9 中的时间点 t')[69]很可能导致其他的正误差项在多个观察点上也为正。因此,反映在图5.9中的误差形式在给定的样本中是正常的。基于 OLS 回归模型的 β 估计量,在图 5.9 中明显地高估斜率系数。但是在不断重复的样本中,估计量误差的均值会超过 0,因此一阶自回归误差结构在长期来看很可能同样会产生正的 ε 和负的 ε。最终的结果是,OLS 对 β 的估计量保持无偏。

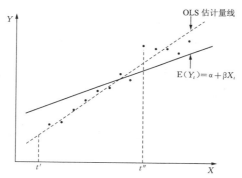

图 5.9 自相关性的意义:正向一阶自回归过程

但是对于存在异方差性或自相关问题的模型,OLS 估计量不再是 BLUE 的。取而代之的是,用广义最小二乘法得出 BLUE 估计量(见 Hanushek & Jackson,1977;Wonnacott & Wonnacott,1979)。更有效率的 GLS 估计是由最小的、加权的残差平方决定的(不同于 OLS 中未加权的残差之和)。观测值被认为有最大取值的误差项(已知异方差性或自相关作用的信息)被赋予最小的权重在总和中实行最小化。例如,当异方差性存在时,观测值的误差项被认为会有一个比较大的取值,因为对于有较大方差的误差项而言,其在一个特定阶段的加权是很小的。[70]最后,在异方差性和自相关性的持续作用下,通常用来估计系数估计量标准误的方程是不正确的,它同时会对 OLS 估计量的标准偏移产生有偏的估计量。那么,照惯例计算出来的 OLS 估计量的置信区间和 t 检验都不再是合情合理的(Berry & Feldman, 1985:77—78;Gujarati, 1988:325—326;Hanushek & Jackson, 1977:146;Johnson, 1987:124—125)。[71]

误差项为非正态分布时的假设

我们已经看到,几种重要的 OLS 系数估计特征并不一定要求满足误差项是正态分布的这一假设。具体而言,只要高斯-马尔科夫定理仍然得到满足,那么就能保证 OLS 系数估计量保持无偏和有效。正态假设的原则性的重要意义是用来检验系数估计量的统计显著性以及构建置信区间的。当回归系数估计量基于一个小规模样本得出时,正态假设就会被要求来证明统计检验。在一个小规模样本中,正是误差项的正态分布假设让人们能够确定系数估计量的样本分布也是正态的。然而,统计学家已经说明,根据中心极限定理,当估计量由一个大样本得出时,即使方程的误差不是正态的,回归系数估计量的样本分布也是正态的。结果推导回归方程时,随着样本量的增加,人们对方程是否满足正态假设就不再那么关注了。

在回归方程中,误差项在回归模型中是正态分布的假设的最普遍证明还是依赖于中心极限定理。我们已经解释过误差项反映了大量影响因变量但是被排除在回归方程之外

的自变量以及随机变量的影响(见方程 5.3)。中心极限定理
(及其扩展)表明(只有很少的例外),当一系列独立的随机变
量的总和趋近于无限时,这些变量的总和的分布接近正态
(Greene, 1990:109; Gujarati, 1988:90; Hanushek & Jack-
son, 1977:335)。因此,对于接近无限大的独立随机变量的
总和的误差项的范围,我们可以证明误差项正态分布。然而
实际上,我们很难反驳被排除的变量组成的回归误差项是独
立的这一论点。幸运的是,有一些检验可以使误差项偏离正
态性。Fox(1984:174—175)推荐了一种用目测回归残差的
图标的方法来探测较大的正态性偏离,同时也可以用零假设
的统计检验来验证残差的分布是不是正态的。[72]

第**6**章

结　论

　　尽管绝大多数社会科学家可以把回归假设的各种正统定义倒背如流,但是他们很多人对这些假设的实质还没有足够的认识。除非理解这些假设的意义,否则回归分析几乎不可避免地成为一种死板的训练,其中有许多自变量被毫无根据地加到标准线性可叠加回归中,从而得出系数的估计量。尽管这种联系可能偶尔会得出可信的结论,但是这也只能看研究者的运气了。运用回归分析来获得本质上有规律可循的可信结论,则需要使用者注意两点:(1)是否每个回归假设都满足身边的每个具体研究项目,尤其有时候一些假设并不与项目相符;(2)违反这些假设应当如何解释。撰写本书就是为了鼓励学生不要把回归假设当做必背的一长串词汇,而应该是把它们当做一系列关键的且必须经过仔细分析才能运用的回归分析的条件。

注释

[1] 当然,经验研究被用来测试假设时,都必须有广泛的假设来进行支持,无论那项研究是实验性的还是非实验性的,或者依赖于定量方法(例如,普罗比模型、logit 模型或者二阶最小二乘法)或定性方法(例如,比较案例研究)。唯一要注意的是,展开分析的时候是否清楚地了解这些假设。

[2] 对回归分析的简介可以参考的文章有 Lewis-Beck(1980)以及 Berry &. Feldman(1985)。在计量经济学领域中可以找到更多全面介绍回归分析的书,比较好的、适中的读本是 Kelejian &. Oates(1989)、Gujarati (1988)、Johnson, Johnson &. Buse(1987)、Wonnacott &. Wonnacott (1979)以及 Hanushek &. Jackson (1977);更高级的还有 Greene (1990)、Kmenta(1986)以及 Judge(1985)。

[3] 在本书中,当一个变量有两个下标时,第一个下标通常是表示在一系列变量中的一个单独的变量,而这一系列变量中的每一个都用同一个符号来表示(例如,X)。但是当一个变量用一个特殊的符号来表示时,则只需要一个下标来标记不同的观测对象或者变量假设中的特殊取值。那么,即使我用 k 个回归量模型来表示自变量,即 X_1, X_2, $\cdots$, X_k, 我仍会用 X 在一个二元回归模型中标记唯一一个自变量。

[4] 相反,在回归模型中持续不断的误差项以及后面将看到的假设,都要求回归模型被假设是由 Y 对固定取值的自变量的条件均值误差决定的。

[5] 为了简化讨论,我们假设在真实模型中的解释变量对因变量有线性和可加性。

[6] 一个二分(或者虚拟)变量是只有两个可能取值的变量。一个定量的(或者定距的)变量指的是:(1)分配给观测对象的数字,以便观测对象根据他们所拥有的财产来排序;(2)对于成对出现的对象,他们之间得分的不同精确地反映了他们之间所拥有的财产的差异。量化的变量既可以是连续的,也可以是离散的。连续变量指的是那些能够取任何数字的变量。相反,离散变量被认为是只能取特定的、有限的值。

[7] 注意,任意两个变量 V_1 和 V_2, $\mathrm{COV}(V_{1j}, V_{2j}) = 0$,当且仅当 $\rho_{12} = 0$(其中 ρ_{12} 表示 V_1 和 V_2 之间的相关性)时是成立的,因为 $\rho_{12} = \mathrm{COV}(V_{1j}, V_{2j})/\sigma_1\sigma_2$, σ_1 和 σ_2 分别表示 V_1 和 V_2 的标准差。如果研究者能够重复对自变量进行固定的抽样取值,那么就没必要引入假设 A5 了,因为当自变量的取值固定时,这一假设一定会满足(对固定回归量的回归模型的发展——没有假设 A5——参见 Wonnacott &. Wonnacott, 1979)。

但是社会科学家想要固定自变量的情况是非常少见的(可能会在实验的情况下出现),他们经常必须接受任何他们所能观察到的取值。因此(用专业术语来说),我们创造了回归模型,同时使自变量可以随机取值。

[8] 当把两个正态假设合并时(A8),A7指的是 ε_j 和 ε_k 是独立的。

[9] 最大似然估计法是替代估计模型的一个例子。幸运的是,如果满足高斯-马尔科夫假设,最大似然估计量与OLS的估计量是一致的。

[10] Isabelle Romieu 和 Walter Willett 提供了可以构建总体方程的数据。从我的分析中没有办法得到体重的决定因素的确定结论,Romieu 和 Willett 的数据(见 Romieu et al. , 1988)已经被人为地"处理"来进行回归假设的解释。

[11] 在134名女性的总体中,严格说来,因变量在方程中是离散的,即违背了假设A1。但是,这134个离散变量已经非常接近于连续变量了。

[12] 在 Romieu 等人(1988)的数据中,没有包含 METABOLISM 的数据。METABOLISM 只定义了对一个人而言,在正常生活状况下的典型的能量输出情况(Garrow, 1974)。但是鉴于已经有人人为地建立了代谢率的指标,那么我也任意地创建属于我自己的单位:运气。

[13] 这是因为对任意一个自变量 X,在回归方程中,X 和因变量在任意 X、X^* 期望值上的关系的斜率,指的是 X 在 X^* 方程衍生的程度。

[14] 对回归模型中交互项作用的拓展讨论,参考 Jaccard, Turrisi & Wan (1990)。

[15] 为了达到技术上的正确性,这些OLS估计量的性质只有当假设A5在每个 X_i 都被满足的时候,X_i 的分布才独立于 s;如果 X_i 很少与 s 不相关,只有当样本较大时,这些性质才能被满足(参见 Gujarati, 1988:57)。两个变量被定义为独立的,即一个观测值在一个变量的取值能够完全不受它在另一个变量的取值的影响。如果这两个变量之间有某些非线性的关系,那么它们可能是不相关的,但不能说它们是相互独立的。

[16] 无偏性是一个估计量所谓的小样本性质。这也就是说,无论样本的规模有多大,小样本性质都会得到满足。在一些样本中,有偏的估计量是一致的。一致的估计量指的是,当样本量趋于无穷大时,估计量的偏误和方差都趋于0。

[17] 因此,在图4.1中的每个概率分布都可以转换为关于 θ 的抽样分布。关于抽样的含义,参见 Mohr(1990)。

[18] 在另一些情况下,我们可以得到面板数据——在不同时间点对于同一个观测对象展开的一系列横截面的调查——因此可以使用联合回归模型。Stimson(1985)介绍了联合回归分析;Hsiao(1986)则提供了更高

级的解释。

[19] 更多关于高度多重共线性影响的详细讨论,参见 Gujarati(1988:288—298)、Johnson(1987:265—268)、Berry & Feldman(1985:40—42)以及 Hanushek & Jackson(1977:86—91)。

[20] 在方程5.3中,给定关于ε_j的表达方式,假设A5要求$\delta_0 + (\sum_{i=1}^{m} \delta_i Z_{ij}) + R_j$与任何一个自变量都不相关。但是$\delta_0$作为一个常数以及$R_j$作为一个自变量与每个变量都不相关。因此,A5实际上是要求$\sum_{i=1}^{m} \delta_i Z_{ij}$与每个自变量都不相关。

[21] 当回归模型中的因变量影响一个或多个自变量时,利用多方程模型方法——例如方程5.4和方程5.5组成的方程组——更为合适。要对这种模型作出恰当的估计,必须清楚地界定这种模型。但是即使是OLS回归都会出现有偏和不一致的系数估计量。其他方法,例如二阶最小二乘法(2SLS),能提供一致的估计量。关于多方程模型的界定以及界定其估计量的讨论,参见 Gujarati(1988)、Berry(1984)以及 Hanushek & Jackson(1977)。

[22] 对于把变量包括在模型内而导致的设定误差(即,当一个变量并不在参考框架模型中,但却被包含在估计模型中时)并不需要过多关注,因为很容易避免出现这种设定误差。接下来的例子就是证明:如果一个在总体中对因变量没有影响的自变量被包含在估计模型中,那么这一变量的估计系数的期望值就为0,同时基于样本的估计量很有可能让研究人员无法拒绝系数为0的原假设(当然,存在一种特殊的样本,即使错误地将变量纳入估计模型,仍会导致偏斜率系数估计量显著地不等于0)。然而,将一个不相关的变量纳入估计模型中,还是会导致OLS模型中那些有关的自变量也得到无效的估计量(Berry & Feldman,1985:18—20;Deegan,1976;Gujarati,1988:404—405;Maddala,1992:164—165)。

[23] 这些参数估计量的期望值可以通过运行方程3.1中的OLS回归模型,并利用134名女性的总体数据得到,但是需要将 METABOLISM 这一变量排除。

[24] 对于其他实质的样本,即研究人员可以根据被排除的设定误差得到关于偏误的方向的合理推断,参见 Griliches(1957)、Kmenta(1986:446)以及 Maddala(1992:163—164)。

[25] 关于解决多重共线性问题的讨论,参见 Kelejian & Oates(1989:209—210)、Gujarati(1988:302—303)以及 Berry & Feldman(1985:47—48)。

[26] 关于这种多重共线性问题的进一步分析以及其他关于嵌套模型的方

法,参见 Gujarati(1988:413—415)。

[27] 与前文中对被排除在外的设定误差分析一致的是,当所有被排除在外的变量与每个被包括在内的变量都不相关时,偏斜率系数的估计量都是无偏的。

[28] 这一逻辑类似于多元回归中的情况。

[29] Greene(1990:772)、Dubin 与 Rivers(1989—1990:364—366,387—388)指出,这一结论非常"普遍",但是他们也讨论了满足这种条件下的集中情况。Dubin 和 Rivers 实际上得出了结论。

[30] 关于这些名词的解释,参见注[6]。

[31] 对于一位政治学者提出的论战,他的研究中的很多概念都被其他学者研究过(例如,投票者的偏好、政党的身份)。这些概念实际上都不是连续的,因此,回归分析不总是合适,参见 King(1989)。

[32] 我们可以构造一种方法来测量 1 英尺中最小的长度,并以此来说明由于分类导致的测量误差——这一问题我们将在本章的后半部分展开讨论。

[33] 定性的变量也被称为"定类变量"或者"分类变量"。

[34] 文献中的术语会有微妙的差异。很多人用定性变量指有两个或者两个以上类别的无序的离散变量,因此二分变量就成了其中一种定性变量。同时,另一些人用"定性的"来表示有序或者无序的离散变量。

[35] 所有的回归量都是二分变量的模型被称为"方差分析"。

[36] 因此,因变量可能为 0 或者为 1 的回归模型被称为"线性概率模型"(Aldrich & Nelson, 1984:12—19)。

[37] 普罗比和 logit 适用于当因变量为离散的模型,具有 3 个或者更多取值时;当因变量的取值没有顺序时,可以使用 logit 模型,而普罗比模型更适用于因变量为有序变量的模型。

[38] 更清楚地说,当满足 $\delta = 0$、$\mu = 1$、$E(v_j \mid T_j) = 0$ 以及 $COV(T_j, v_j) = 0$ 时,一种典型的随机测量误差模型可以被写成 $I_j = \delta + \mu T_j + v_j$(参见 Carmines & Zeller, 1979:30—32; Gujarati, 1988:416; Namboodiri, Carter & Blalock, 1975:539)。

[39] 这是因为当 $Y_j' = \delta + \mu T_j + v_j$(当注[38]的假设满足时)、$COV(\varepsilon_j, v_j) = 0$ 以及 Y' 被用来测量方程 2.2 中的因变量时,原方程可得:

$$\mu Y_j = (\alpha - \delta) + \beta_1 X_{1j} + \beta_2 X_{2j} + \cdots + \beta_k X_{kj} + (\varepsilon_j - v_j)$$

其中误差项为 $\varepsilon_j - v_j$。如果方程 2.2 满足高斯-马尔科夫假设,本方程也满足。实际上,ε 和 v 结合成为一个干扰项,就相当于方程 2.2 中的 ε 一样。

[40] $E(b) = \beta \cdot r_{xx}$，其中 r_{xx} 指的是指标 X 的信度（Berry & Feldman，1985:29）。

[41] 当然，当调查数据用 NRME 创建指标时，也可能产生一些随机测量误差。例如，如果我们说所有人都把她们的真实体重报低了整整 10%，这一假设很有可能不成立。更令人信服的假设是，人们有把她们的体重报低 10% 的倾向。但是调查所得的数据还受到随机干扰项 v 的影响，根据方程：

$$\text{WEIGHT}'_j = (0.90)\text{WEIGHT}_j + v_j$$

其中 $E(v_j \mid \text{WEIGHT}_j) = 0$，同时 $\text{COV}(\text{WEIGHT}_j, v_j) = 0$。有目的地误报体重会导致非随机的测量误差，然而体重测量值在某种程度上的误读或者记不清体重都会导致随机误差的出现。

[42] Namboodiri 等人（1975:579—581）把这称为"由于分类导致的测量误差"。

[43] 在线性概率模型中（见注[36]），自变量的 X_i 偏斜率系数可以解释为，所有其他的自变量保持恒定，当 X_i 增加一个单位时，$Y = 1$ 出现的概率的变化。

[44] 第三个例子参见 Greene 的著作（1990:724）。

[45] 在检查因变量导致的测量误差时，与这个图解反映出类似的情况，Tobit 模型更加适合回归模型（参见 Amemiya，1984；McDonald & Moffitt，1980；Tobin，1958）。在 Tobit 模型的一个应用中，一个模型的连续因变量 Y（例如，对于该项事业的支持度），被假设是不可知的。因此就用一个指标 M（例如，贡献的大小）来指代 Y。其中 M_j 等于 Y_j，Y_j 比常数 c 大，但是当 $Y_j \leqslant c$ 时，M_j 等于 c。Tobit 模型也可用来处理那些被认为是"高端"或者"占据两端"的变量。

[46] 绝大多数作者涉及的模型本质上是线性的，加上"可加的"这一术语会让这个短语在意义上更加精确。

[47] 一个包括一次或多次幂变量的模型被称为"多项式模型"。

[48] 为了确定方程 5.16 模型的基本形式，我们让 $r = k = 1$、f 和 h 作为区别方程（即，为它们贴一个"标签"）以及 $g_1(X_1) = 1/X_1$。

[49] 对于非线性以及非可加模型（关于总体参数是线性的和可加的）的函数形式的讨论，参见 Johnson 等（1987:239—255）、Berry & Feldman（1985:57—71）以及 Hanushek & Jackson（1977:96—101）。

[50] 对于科布-道格拉斯方程的详细讨论，参见 Gujarati(1988:189—192)以及 Kmenta(1986:511—512)。

[51] 也就是说，一个常数是从所有自变量的得分中被加上（或者被减去）的，

那么变量的均值就可以被转化为 0。

[52] 设 X 的均值为 0，统计学家需要认识到 $E(X^3)/E(X^2)$ 等价于 m_3/m_2，其中 m_2 和 m_3 是 X 在它的均值周围的第二个和第三个时刻。

[53] 一个分布偏态若被准确测量，等于这一分布的三阶矩，即以分布的均值除以分布标准差的立方。

[54] 这是因为一个对称分布的偏态等于 0。方程的分子把偏态定义为变量的均值为 0，即 $E(X^3)$。

[55] 回想我们在方程 3.2 中计算的斜率。

[56] 方程 3.2 确定了脂肪摄入量和体重期望值关系的斜率，当 FAT = 0 时，$\beta_F + (2 \cdot \beta_{FF} \cdot 0) = \beta_F$。

[57] 实际上，从本章将会讨论到的异方差性来看，我们还必须考虑的是，自变量的影响会依赖于那些对因变量产生影响但被排除在回归方程之外的变量取值的概率。

[58] 以下的处理办法由 Theil(1971:161)改编。

[59] 对于任意 k 个随机变量 W_1，W_2，…，W_k的集合，如果 a_1，a_2，…，a_k 为常数，那么可以得到 $E(a_1W_1 + a_2W_2 + \cdots + W_k) = a_1E(W_1) + a_2E(W_2) + \cdots + a_kE(W_k)$。

[60] 对于任意两个均值为 0 的变量 X_1 和 X_1，$COV(X_1，X_2) = E(X_1 \cdot X_2)$。也就是说，这两个均值都为 0 的变量的协方差等于它们乘积的期望值。

[61] 对于那些在几年的研究中连续被观测好几个星期的人而言，方程 3.1 中的一些变量可能倾向于恒定。例如，SMOKER 可能是由于这个原因而被排除在外的。其他的变量可能是因为测量方法的不同(例如，每天的食物摄入量可能是通过上个星期而非去年的摄入量来衡量的)。

[62] 这是一个不可靠的假设。例如，健康应该与脂肪摄入量呈负相关关系。同时，如果 SMOKER 随着分析阶段的不同而变化，那么这一变量与健康也相关。

[63] 这一例子来源于 Wolf(1989)关于同性恋神职人员的研究。

[64] 对于自相关的检测也基于对 OLS 回归残差的分析(Gujarati，1988：368—379)。Durbin-Watson检验是最常用的。对于这种方法的讨论及其局限性，参见 Gujarati(1988：375—379)、Kennedy(1985：100—102，105—106)、Johnson（1987：311—313）以及 Hanushek & Jackson (1977：164—168)。

[65] Sigelman 和 Dometrius(1988)提供了另一种能够解决异方差性问题的策略。他们主张在二分回归中，用 Beyle 指数对正规管辖权力的测量以及用 Abney-Lauth 测量得到的地方长官的影响的异方差性，是将"非正式的政治资源"排除在外的结果。这是因为随着地方长官处理事务

能力的增长,地方长官的正式管辖权力的实际影响力应该比"非正式的"政治资源更强大。

[66] 在高阶的自回归过程中,现时出现的误差项的取值至少部分是由前两个或者更早的阶段导致的(Hibbs,1974；Ostrom,1978:74—76)。

[67] 对于自相关形式的详细讨论,参见 Hibbs(1974)和 Ostrom(1978)。但是 King(1989:185—187)在讨论中指出,在社会科学中,自相关常常以一阶自回归的假设形式出现是不合理的。

[68] 经历了一系列主要的、负的误差项之后,在时间 t'' 上数值较大的正的误差项的出现,通常可能是因为一项正的、数值较大的随机变量 u 在 t'' 时出现。

[69] 在异方差性的情况下,OLS 估计量能够通过一系列被称为"加权最小二乘法"(WLS)的方法决定,通过将原始回归方程转换为一个有同方差的误差项的方程,然后对已转换的方程进行 OLS 回归来得到原方程的系数估计量(Berry & Feldman,1985:87—88；Gujarati,1988:322—325,337—338；Wonnacott & Wonnacott,1979:195—197)。

[70] 然而,我们可以利用异方差模型为一个 OLS 估计方程的标准计算出一个合适的替代估计量(Greene,1990:195—197)。

[71] 当自相关以这种形式展现时,即正的一阶自回归形式,OLS 估计量的标准差的常规估计量的偏误是负的,因此,计算出来的置信区间会比真实的形式更狭窄。

[72] 这种检测依赖于 Wald 检测,参见 Greene(1990:135,329)以获得详细的信息。

参考文献

Aldrich, J. H. , and Nelson, F. D. (1984) *Linear Probability, Logit, and Proit Models*. Sage University Paper series on Quantitative Applications in the Social Sciences, 07—045. Beverly Hills, CA: Sage.

Amemiya, T. (1984) "Tobit models: A survey. " *Journal of Econometrics* 24:3—61.

Berry, W. D. (1984) *Nonrecursive Causal Models*. Sage University Paper series on Quantitative Applications in the Social Sciences, 07—037. Beverly Hills, CA: Sage.

Berry, W. D. , and Feldman, S. (1985) *Multiple Regression in Practice*. Sage University Paper series on Quantitative Applications in the Social Sciences, 07—050. Beverly Hills, CA: Sage.

Carmines, E. G. , and Zeller, R. A. (1979) *Reliability and Validity Assessment*. Sage University Paper series on Quantitative Applications in the Social Sciences, 07—017. Beverly Hills, CA: Sage.

Carter, L. (1971) "Inadvertent sociological theory. " *Social Forces* 50: 12—25.

Deegan, J. , Jr. (1976) "The consequences of model misspecification in regression analysis. " *Multivariate Behavioral Research* 18:360—390.

Dye, T. R. (1966) *Politics, Economics, and the Public: Policy Outcomes in the American States*. Chicago: Rand McNally.

Fox, J. (1984) *Linear Statistical Models and Related Methods*. New York: John Wiley.

Garrow, J. S. (1974) *Energy Balance and Obesity in Man*. New York: North-Holland.

Greene, W. H. (1990) *Econometric Analysis*. New York: Macmillan.

Griliches, Z. (1957) "Specification bias in estimates of production funcions. " *Journal of Farm Economics* 39:8—20.

Gujarati, D. N. (1988) *Basic Econometrics* (2nd ed.). New York: McGraw-Hill.

Hanushek, E. A. , and Jackson, J. E. (1977) *Statistical Methods for Social Scientists*. New York: Academic Press.

Hibbs, D. A. , Jr. (1974) "Problems of statistical estimation and causal inference in time-series regression models," in H. Costner(ed.) *Sociolog-*

ical Methodology, 1973—1974. San Francisco: Jossey-Bass.

Hoel, P. G. (1962) *Introduction to Mathematical Statistics* (3rd ed.). New York: John Wiley.

Hsiao, C. (1986) *Analysis of Panel Data*. Cambridge: Cambridge University Press.

Jaccard, J., Turrisi, R., and Wan, C. K. (1990) *Interaction Effects in Multiple Regression*. Sage University Paper series on Quantitative Applications in the Social Sciences, 07—072. Beverly Hills, CA: Sage.

Johnson, A. C., Jr., Johnson, M. B., and Buse, R. C. (1987) *Econometrics: Basic and Applied*. New York: Macmillan.

Judge, G. G., et al. (1985) *Theory and Practice of Econometrics* (2nd, ed.). New York: John Wiley.

Kelejian, H. H., and Oates, W. E. (1989) *Introduction to Econometrics* (3rd ed.). New York: Harper & Row.

Kennedy, P. (1985) *A Guide to Econometrics* (2nd ed.). Cambridge: MIT Press.

King, G. (1989) *Unifying Political Methodology: The Likelihood Theory of Statistical Inference*. Cambridge: Cambridge University Press.

Kmenta, J. (1986) *Elements of Econometrics* (2nd ed.). New York: Macmillan.

Lewis-Beck, M. S. (1980) *Applied Regression: An Introduction*. Sage University Paper series on Quantitative Applications in the Social Sciences, 07—022. Beverly Hills, CA: Sage.

Luskin, R. C. (1991) "Abusis non tollit usum: Standardized coefficients, correlations and R^2 s." *American Journal of Political Science* 35: 1032—1046.

Maddala, G. S. (1992) *Introduction to Econometrics* (2nd ed.). New York: Macmillan.

MoDonald, J. F., and Moffitt, R. A. (1980) "The uses of tobit analysis." *Review of Economics and Statistics* 62:318—321.

Mohr, L. B. (1990) *Understanding Significance Testing*. Sage University Paper series on Quantitative Applications in the Social Sciences, 07—073. Newbury Park, CA: Sage.

Namboodiri, N. K., Carter, L. F., and Blalock, H. M., Jr. (1975) *Applied Multivariate Analysis and Experimental Designs*. New York: McGraw-Hill.

Odland, J. (1988) *Spatial Autocorrelation*. Newbury Park, CA: Sage.

Ostrom, C. W. , Jr. (1978) *Time Series Analysis: Regression Techniques.* Sage University Paper series on Quantitative Applications in the Social Sciences, 07—009. Beverly Hills, CA: Sage.

Pryor, F. L. (1968) *Public Expenditures in Communist and Capitalist Nations*. Homewood, IL: Irwin.

Rao, P. , and Miller, R. L. (1971) *Applied Econometrics*. Belmont, CA: Wadsworth.

Romieu, I. , et al. (1988) "Energy intake and other determinants of relative weight. " *American Journal of Clinical Nutrition* 47:406—412.

Schroeder, L. D. , Sjoquist, P. L. , and Stephan, P. E. (1986) *Understanding Regression Analysis: An Introductory Guide*. Sage University Paper series on Quantitative Applications in the Social Sciences, 07—057. Beverly Hills, CA: Sage.

Sigelman, L. , and Dometrius, N. C. (1988) "Governors as chief administrators: The linkage between formal powers and informal influence. " *American Politics Quarterly* 16:157—170.

Stimson, J. A. (1985) "Regression in space and time: A statistical essay. " *American Journal of Political Science* 29:914—947.

Sudman, S. (1976) *Applied Sampling*. New York: Academic Press.

Theil, H. (1971) *Principles of Econometrics*. New York: John Wiley.

Tobin, J. (1958) "Estimation of relationships for limited dependent variables. " *Econometrica* 26:24—36.

Wolf, J. (1989) *Gay Priests*. San Francisco: Harper &- Row.

Wonnacott, R. J. , and Wonnacott, T. H. (1979) *Econometrics* (2nd ed.). New York: John Wiley.

译名对照表

additivity	可叠加性
analysis of variance	方差分析
autocorrelation	自相关
auxiliary regression	辅助回归
Best Linear Unbiased Estimators(BLUE)	最优线性无偏估计量
Cobb-Douglas function	科布-道格拉斯方程
disturbance term	干扰项
efficiency	有效性
error term	误差项
expected value	期望值
Gauss-Markov assumptions	高斯-马尔科夫假设
Generalized Least Squares(GLS)	广义最小二乘法
heteroscedasticity	异方差性
homoscedasticity	同方差性
intercept errors	截距误差
linear probability model	线性概率模型
linearity	线性
maximum likelihood method	最大似然估计法
measurement error	测量误差
multicollinearity	多重共线性
nonlinearity	非线性
Nonrandom Measurement Error(NRME)	非随机测量误差
normal distribution	正态分布
Ordinary Least Squares(OLS)	普通最小二乘法
parameters	参数
partial slope coefficients	偏斜系数
probit model	普罗比模型
proxy variables	代理变量
Random Measurement Error(RME)	随机测量误差
residuals	残差
scale error	尺度误差

selection bias	选择性偏误
serial correlation	序列相关
skewness	偏态
specification error	设定残差
time-series regression model	时间序列回归模型
truncated sample	截断样本
Two-stage Least Squares(2SLS)	二阶最小二乘法
unbiasedness	无偏性
Weighted Least Squares(WLS)	加权最小二乘法

本书版权归 SAGE Publications 所有。由 SAGE Publications 授权翻译出版。
上海市版权局著作权合同登记号:图字 09-2009-547

格致方法·定量研究系列